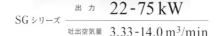

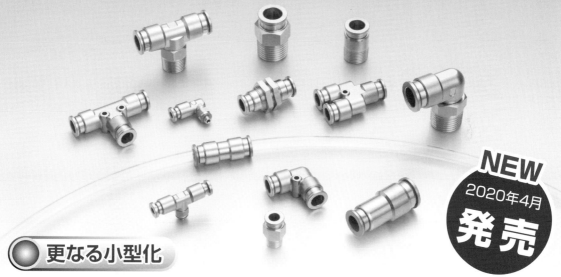

省エネ＆省コスト。

フレキシブルな空気。オイルフリースクロールコンプレッサ
SLP シリーズ 5.5 ～ 30 k W

SLP-300EF

SLP-300EF　内部構造

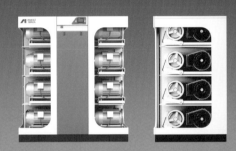

1つのパッケージの中に6台または8台の
スクロールコンプレッサを搭載。省エネ
運転はもちろん運転時間をそれぞれの
ユニット負荷率で換算。メンテナンス
コストを削減します。

リスク回避機能

万が一の故障時にも搭載されている複数のスクロールコンプレッサが自動でバックアップ運転を開始。
圧縮空気供給がゼロになるリスクを回避します。

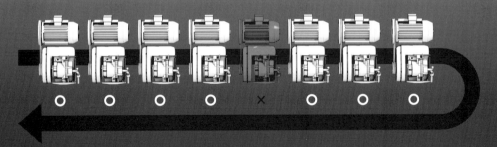

アネスト岩田株式会社

https://www.anest-iwata.co.jp
詳しくは　アネスト岩田　検索

製品に関するお問い合わせ先は、アネスト岩田コンプレッサ株式会社の支店・営業所へ

東北営業所	TEL 022-284-1257	FAX 022-284-1268	中 部 支 店	TEL 052-412-3221	FAX 052-412-3229
札幌駐在所	TEL 011-831-6141	FAX 011-831-6144	関 西 支 店	TEL 06-6458-5971	FAX 06-6458-5978
関 東 支 店	TEL 045-595-3660	FAX 045-595-3661	福岡営業所	TEL 092-411-1005	FAX 092-471-6528
北関東営業所	TEL 0480-96-7001	FAX 0480-96-7003			

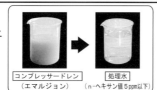

小さいけれど・・・・

小さい継手に大きな使命

業界初

AIRMAN®

屋外設置型に加え、
高い省エネ性能を誇るインバータ制御仕様。

屋外設置型 **インバータ制御仕様** **オイルフリースクリュコンプレッサ**

SMAD22VD

| モータ出力：**22**kW |
| 空気量：**3.7**m³/min |
| 騒音値：**60**dB(A) |

SMAD55VD

| モータ出力：**55**kW |
| 空気量：**9.0**m³/min |
| 騒音値：**62**dB(A) |

SMAD22VD

SMAD55VD

北越工業株式会社

東京本社 営業本部　東京都新宿区西新宿1-22-2 新宿サンエービル
TEL：03(3348)7251(代表)　http://www.airman.co.jp

北海道支店 011(222)1122　東京支店 03(3348)8563　静岡営業所 054(238)0177　高松営業所 087(841)6101
東北支店 022(258)9321　千葉営業所 043(223)1092　中部支店 0586(77)8851　中国支店 082(292)1122
北関東支店 027(347)5612　沖縄営業所 098(879)3311　金沢営業所 076(233)1152　九州支店 092(504)1831
新潟営業所 0256(97)3707　西関東支店 045(930)1221　大阪支店 06(6349)3631　南九州営業所 0995(62)4166

KAAD300

- オートドレン内蔵
- メンテナンス不要

※単品だけでの使用不可

製品番号／KAAD300	
凝結	水分凝結
入口空気温度	0〜35℃
使用可能圧力(MPa)	0.1〜1
高さ・縦・横(mm)	188×80×80
重量(kg)	0.5
入口・出口接続口径(BSPT)	Rc1/2
排水接続口径(BSPT)	R1/8

188mm ／ 80mm・φ80

交換品 RE-300AD

KA-300PA

- オートドレン内蔵
- メンテナンス不要

製品番号／KA-300PA	
除水率	99.9999%
対応流量(L/min)	1〜300
入口空気温度	0〜35℃
使用可能圧力(MPa)	0.1〜1
高さ・縦・横(mm)	188×80×80
重量(kg)	0.46
入口・出口接続口径(BSPT)	Rc1/2
排水接続口径(BSPT)	R1/8

188mm ／ 80mm・φ80

交換品 RE-300AD

❶ KA-300PC

オイルミスト対応

製品番号／KA-300PC	
オイルミスト除去	<0.01mg/m³
対応流量(L/min)	1〜300
入口空気温度	0〜35℃
使用可能圧力(MPa)	0.1〜1
高さ・縦・横(mm)	176×80×80
重量(kg)	0.58
入口・出口接続口径(BSPT)	Rc1/2

176mm ／ 80mm・φ80

交換品 RE-300PC

❷ KA-300PD

露点対応

※単品だけでの使用不可

製品番号／KA-300PD	
大気圧露点	−22℃
対応流量(L/min)	1〜300
入口空気温度	0〜35℃
使用可能圧力(MPa)	0.1〜1
高さ・縦・横(mm)	176×80×80
重量(kg)	0.5
入口・出口接続口径(BSPT)	Rc1/2

176mm ／ 80mm・φ80

交換品 RE-300PD

❸ KA-300PM

粒子対応

製品番号／KA-300PM	
粒子除去	>0.01μm
対応流量(L/min)	1〜300
入口空気温度	0〜35℃
使用可能圧力(MPa)	0.1〜1
高さ・縦・横(mm)	176×80×80
重量(kg)	0.40
入口・出口接続口径(BSPT)	Rc1/2

176mm ／ 80mm・φ80

交換品 RE-300PM

新製品　基本セット　KAKIT2R　除水率100%

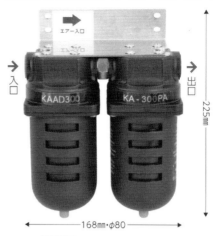

オイル除去>91%
粒子除去>2μm

225mm　168mm・φ80　95mm

エアー入口　エアー出口　入口　出口

組合せ表

KAKIT2R (KAAD300 KA-300PA)	+	KA-300PC
	+	KA-300PD
	+	KA-300PM
KAKIT2R	+	KA-300PC KA-300PD
KAKIT2R	+	KA-300PC KA-300PM
KAKIT2R	+	KA-300PD KA-300PM

KAKIT5R

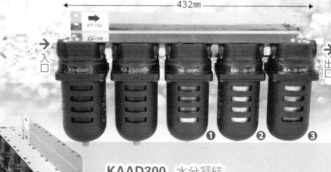

432mm

エアー入口　エアー出口　入口　出口　❶　❷　❸

KAAD300	水分凝結
KA-300PA	除水率 99.9999%
❶ KA-300PC	オイルミスト除去 <0.01mg/m³
❷ KA-300PD	大気圧露点 マイナス22℃
❸ KA-300PM	粒子除去 >0.01μm

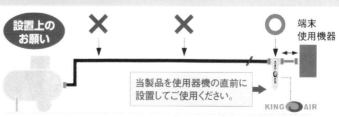

設置上のお願い

✕　✕　〇　端末使用機器

当製品を使用器機の直前に設置してご使用ください。

KING AIR

※直角に設置してご使用ください。
※圧縮空気のため、空気の出入口を間違えないでください。
※必要性がある場合には、アースを接続してご利用ください。
※防護カバーを外して使用しないでください。

日本エアードライヤー販売株式会社

〒776-0013　徳島県吉野川市鴨島町上下島125番地 泰州ビル305
TEL 0883-24-9716　FAX 0883-36-9716　URL http://www.japanairdryer.com

2019.2 5,

空気圧の基礎
単位と法則

SMC㈱　藏上　大輔

1．はじめに

　本稿では、「空気圧の基礎―単位と法則―」と題して、圧力・流量の単位、パスカルの原理、ボイル・シャールの法則、ベルヌーイの定理、およびドレンの発生原理などについて取り扱う。

　まず、第1図に一般的な空気圧システムを示す。大気を圧縮して高温多湿の圧縮空気を生成する（ボイル・シャールの法則、参照）空気圧縮機から始まり、外部に機械仕事を行う（パスカルの原理、ベルヌーイの定理、参照）空気圧シリンダに至る回路を示している。空気圧縮機を出た空気はアフタクーラにより冷却され、水分が発生する（ドレンの発生原理、参照）。空気タンクは圧縮空気の蓄積および空気圧力の脈動緩和などの働きがあり、ここでも水分が発生する。さらに、空気圧フィルタにより、圧縮空気内の水分、油分および塵が除去される。メインラインの最後にエアドライヤを設置し、圧縮空気の中に含まれる水蒸気を除去し、乾燥度を高める。ここまでくると、空気圧縮機で生成された高温多湿の圧縮空気は、清浄的には各分岐ラインでほぼ使用可能な状態になっている。各ラインでは、フィルタ、減圧弁およびルブリケータで構成される通称3点セットにより、それぞれさらなる除塵、圧力設定および給油が行われる。ただし、無給油システムの場合はルブリケータを使用しない。その後、圧縮空気は、駆動部であるシリンダの両サイドに圧縮空気を交互に供給するための方向制御弁や供給流量を調整して（ベルヌーイの定理、参照）空気圧シリンダ速度を変化させるための速度制御弁を介して空気圧シリンダに至る。空気圧縮機からシリンダに至る過程では、空気の圧力・流量・温度はさまざまに変化するため、後述の原理・法則は重要な役割を果たし、空気圧機器のみならずシステム全体の特性を理解するのに役立つ。

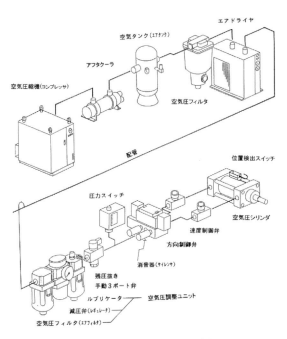

第1図　空気圧システム例

2．圧力と流量の単位

　電気回路の電圧・電流にほぼ相当するものとして空気圧回路の圧力・流量を想定するように、

圧力および流量は空気圧システムの作動のみならず、エネルギー効率などを検討する際の基本的で重要な物理量である。

　圧力は後出のパスカルの原理で触れているように、圧力発生点からあらゆる方向に均等にかかり、結果として流体容器の表面には垂直に作用することが知られている。圧力の単位としては、通常SI単位（国際単位）の「Pa：パスカル」が用いられ、

$$1\,\mathrm{Pa} = 1\,\mathrm{N/m^2} \qquad \cdots(1)$$

である。

　空気圧分野では、主としてMPaまたはkPa（とくに、負圧や微圧領域）が用いられる。また、SI系の補助単位として、barが使用されることもあり、

$$1\,\mathrm{bar} = 0.1\mathrm{MPa} = 100\mathrm{kPa} \qquad \cdots(2)$$

である。

　さらに、圧力の表示上、絶対圧力とゲージ圧力があり、概念を第2図に示す。絶対圧力は完全真空からの値をいい、理論計算で使用され、一方、ゲージ圧力とは大気圧力からの値をさし、現場でよく用いられる。工業的に用いられている圧力計の目盛りはゲージ圧力である。また、空気のまったく存在しない状態を完全真空といい、大気圧との間（負圧とも呼ぶ）を3区分して、低真空、中真空および高真空などと呼んでいる。空気圧の周辺機器である真空機器は、通常低真空（概ね、0〜−90kPa）で使用される。絶対圧力とゲージ圧力を区別するためには、

- 絶対圧力：MPa abs.
- ゲージ圧力：MPa G
- 真空：kPa vac. あるいは−値kPa

などと表示するとよい。なお、特に記載がない場合、本稿では圧力は絶対圧力として表記している。

　流量は、単位時間あたりにどのくらいの量の空気が流れるかを示したものであり、空気のような圧縮性流体の場合、体積流量 [$\mathrm{m^3/s}$] と質量流量 [$\mathrm{kg/s}$] の区別をする必要がある。質量が同じでも圧力によってその体積が異なるためである。質量流量の概念は、理論計算などでは質量保存の法則に代表されるように重要であるが、実際の機器に照らし合わせると分かりづらいという欠点がある。そこで、空気量を地表における平均的な空気の状態の体積で表示すると分かりやすい。空気圧機器業界では、ISO 8778およびJIS B 8393に規定された「標準参考空気（温度20℃、絶対圧力100kPa、相対湿度65％）」の状態で空気量を表すことが定められている。この場合、空気量あるいは空気流量の単位の後に（ANR）を記載する。

　例）空気量$\mathrm{m^3}$（ANR）、空気流量L/min（ANR）

3. パスカルの原理

　パスカルの原理とは、静止流体中の圧力伝播に関する法則をいう。「圧力は、すべての方向に均等に、壁面には垂直に作用する。」これを、パスカルの原理という。

　第3図(a)を見ると、圧力Pの圧縮空気が容器に密閉されている。その空気を圧縮すると、その増圧分の圧力$\varDelta P$は容器内に音速で伝播し、容器内圧力は$P + \varDelta P$となる。

　第3図(b)は、ピストン断面積の異なるシリンダを同じ圧力で加圧した場合を示している。ピストンに発生する力は、パスカルの原理より次式で表される。

$$\begin{aligned} F_A &= (P_0 - P_a)S_A \\ F_B &= (P_0 - P_a)S_B \end{aligned} \qquad \cdots(3)$$

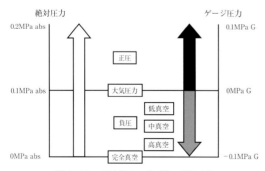

第2図　絶対圧力とゲージ圧力

ここで、

 F：ピストンに発生する力 [N]

 P_0：加圧圧力 [MPa]

 P_a：大気圧力 [MPa]

 S：ピストンの断面積 [mm^2]

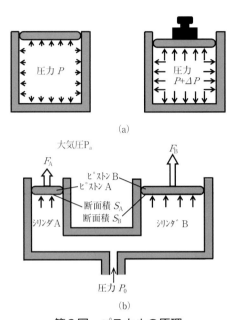

第3図　パスカルの原理

式(3)より、$S_B = nS_A$の場合には$F_B = nF_A$となり、シリンダBはシリンダAのn倍の出力を得ることになる。動作中のシリンダでは、シリンダ内空気は動いていて、ピストン背面にも圧力が加わり、またパッキンとシリンダ間の摩擦力も存在するため、厳密には運動方程式を解いてシリンダ出力を算出するのが一般的である。しかしながら、どのサイズのシリンダを選択するか（サイジング）などの機器選定を簡単に行う場合には、静的に取り扱いパスカルの原理に基づく計算を行い目安とすることも多い。

4. ボイル・シャールの法則

　第1図に示した空気圧システムでは、空気の圧力・体積・温度の三つの量が機器内で変化することに触れたが、その変化の様子を示す重要な公式にボイル・シャールの法則がある。

　第4図により、ボイル・シャールの法則を説明する。初期状態として容器の中に、圧力P_1、体積V_1および温度T_1の空気がある。温度が変化しない場合には、第4図(a)に示すボイルの法則が成立する。

$$PV = P_1 V_1 = P_2 V_2 = 一定 \qquad \cdots (4)$$

ここで、

 P：圧力 [Pa]

 V：空気の体積 [m^3]

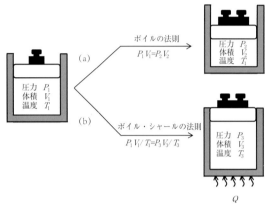

第4図　ボイル・シャールの法則

　温度の変化が小さく、無視できる場合には、近似的に式(4)を使用することができる。つぎに、外部との熱の授受などにより容器内の温度が変化したときを第4図(b)に示すが、この場合には次に示す式(5)が成立する。これを、ボイル・シャールの法則と呼ぶ。

$$\frac{PV}{T} = \frac{P_1 V_1}{T_1} = \frac{P_3 V_3}{T_3} = 一定 \qquad \cdots (5)$$

ここで、

 T：空気の温度 [K]

以上は、容器内のある質量の空気に関しての議論であり、右辺定数に質量Gを含むことは容易に推察される。式(5)を書き換えると次式が生じる。

$$PV = GRT \qquad \cdots (6)$$

ここで、

 R：ガス定数（気体の種類によって決まる定数、空気の場合287J/（kg・K）

　式(6)も、ボイル・シャールの法則であり、式

(4)〜(6)は完全気体に対して成り立つ。実在気体に対しても、通常の近似計算ではよく用いる。式(6)は、空気の密度ρ kg/㎥ （$=G/V$）あるいは比体積（単位質量あたりの体積）v ㎥/kgを用いると、次式のようになる。

$$P = \rho RT \qquad \cdots(7)$$
$$Pv = RT \qquad \cdots(8)$$

式(6)、(7)、および(8)はボイル・シャールの法則であると同時に、空気の状態を表しているため、状態方程式とも呼ばれている。

一般的に空気の状態は式(7)または(8)により規定されるが、やや詳細に見ていくと次の五つの変化に分類できる。

①等積変化
②等圧変化
③等温変化
④断熱変化
⑤ポリトロープ変化

① 等積変化

式(8)で、$v=$一定のとき

$$P/T = Rv = 一定 \qquad \cdots(9)$$

また、空気1kgにつき温度上昇（$T_1 \rightarrow T_2$）に要した熱量をQ_vとすると

$$Q_v = C_v(T_2 - T_1) \qquad \cdots(10)$$

C_v：定積比熱 ［J/(kg・K)］（質量1kgの空気を体積一定のもとで、温度を1K上昇させるのに要する熱量）

Q_vは空気の内部エネルギーの増加に使用される。

② 等圧変化

式(8)で$P=$一定のとき

$$v/T = R/P = 一定 \qquad \cdots(11)$$

また、空気1kgにつき温度上昇（$T_1 \rightarrow T_2$）に要した熱量をQ_pとすると

$$Q_p = C_p(T_2 - T_1) \qquad \cdots(12)$$

C_p：定圧比熱 ［J/(kg・K)］（質量1kgの空気を圧力一定のもとで、温度を1K上昇させるのに要する熱量）

Q_pは空気の内部エネルギーの増加および外部仕事$P \cdot (v_2 - v_1)$ に利用される。

$$Q_p = C_v(T_2 - T_1) + P(v_2 - v_1) \qquad \cdots(13)$$

式(12)、(13)よりQ_pを消去し、式(6)を用いると

$$C_p - C_v = R \qquad \cdots(14)$$

ここで、比熱比κを

$$\kappa = C_p/C_v \qquad \cdots(15)$$

と定義すると、

$$C_p = \frac{\kappa}{\kappa-1}R$$
$$C_v = \frac{1}{\kappa-1}R \qquad \cdots(16)$$

$$C_p : C_v : R = 7 : 5 : 2$$

となる式が得られる。

③ 等温変化

式(8)で$T=$一定のとき

$$Pv = RT = 一定 \qquad \cdots(17)$$

シリンダの速度が遅い場合には、等温変化が適用できる。

④ 断熱変化

通常、与えられた熱量Qは内部エネルギーの増加および外部仕事に変換される。内外部で熱のやり取りのない断熱変化では$dQ = 0$であるから、

$$dQ = C_v dT + Pdv = 0 \qquad \cdots(18)$$

式(8)の状態方程式を微分すると

$$vdP + Pdv = RdT \qquad \cdots(19)$$

式(18)、(19)よりdTを消去し、式(16)を用いてC_vを消去すると、

$$dP/P + \kappa \cdot dv/v = 0 \qquad \cdots(20)$$

が得られ、積分して

$$Pv^\kappa = C = 一定 \qquad \cdots(21)$$

となる。さらに、式(8)を用いると

$$Tv^{\kappa-1} = C/R = 一定 \qquad \cdots(22)$$
$$T/P^{\frac{\kappa-1}{\kappa}} = C^{\frac{1}{\kappa}}/R = 一定 \qquad \cdots(23)$$

⑤ ポリトロープ変化

実際の機器内の変化は、等温変化と断熱変化の間の状態であるため、ポリトロープ指数nを用い、式(21)〜(23)は次式のようになる。

$$Pvn = C = 一定$$
$$Tvn - 1 = C/R = 一定 \qquad \cdots(24)$$
$$T/P^{(n-1)/n} = C^{1/n}/R = 一定$$

ここで、

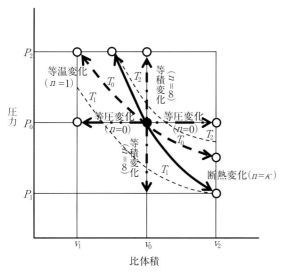

第5図　ポリトロープ変化（模式図）

$n = 0$：等圧変化

$n = 1$：等温変化

$n = \kappa$：断熱変化

$n = \infty$：等積変化

　式(24)を図示した模式図（$n = \kappa$）を第5図に示す。断熱変化の場合には、ある空気が始点●の状態から膨張して比体積v_2になると、温度は$T_1 (< T_0)$となり、圧力は比体積v_2時の等温変化のときよりも小さくなる（P_1）。一方、空気が圧縮して圧力がP_2になれば、温度は$T_2 (> T_0)$となり、比体積は圧力P_2時の等温変化のときよりも大きくなる。空気圧システムの場合nは$1 \sim \kappa$（$\kappa = 1.4$）の値をとる。nの値は空気の流れの状態によって変化するため、一概には言えないが、たとえば空気圧縮機では断熱変化に近く、ゆっくり動くシリンダは等温変化とみなす場合が多いようである。

5．ベルヌーイの定理

　パスカルの原理のところで述べたように空気が静止しているか、あるいは非常にゆっくり流れている場合には、運動エネルギーが無視でき空気圧システム内の圧力は一定として扱ってかまわない。しかしながら、ある程度の速度の流れが起きると、摩擦による圧力損失や有効断面

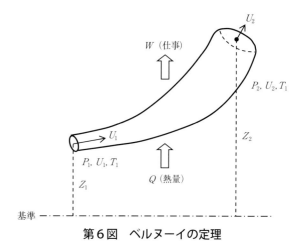

第6図　ベルヌーイの定理

の変化に起因する圧力変化が生じる。空気圧システム内の流れはこれに従う場合が多く、ある程度正確に流れの状態を把握するためには、以下に述べるベルヌーイの定理が便利である。第6図によりベルヌーイの定理を説明する。いま、摩擦のない定常流れ場で流管の一部を検査体にとると、エネルギー収支の観点から次式が成立する。

$$Q - W = U^2/2 + P/\rho + gZ + u \qquad \cdots(25)$$

ここで、

　Q：検査体に与えられる単位質量あたりの熱量 [J/kg]

　W：外部に行う機械的仕事 [J/kg]

　P：圧力 [MPa]

　U：流速 [m/s]

　g：重力加速度 [m/s²]

　Z：位置 [m]

　ρ：密度 [kg/m³]

　T：温度 [K]

　u：単位質量あたりの内部エネルギー [J/kg]

　式(25)の右辺は左より、運動エネルギー、圧力エネルギー、位置エネルギーおよび内部エネルギーである。式(25)を検査面1および2に適用し、熱エネルギーの授受および機械的仕事もない状態（$W = Q = 0$）を考えると式(25)は式(26)のようになる。

$$U_2^2/2+P_2/\rho+u_2+gZ_2$$
$$=U_1^2/2+P_1/\rho+u_1+gZ_1 \qquad \cdots(26)$$

内部エネルギーの定義から

$$u=C_vT \qquad \cdots(27)$$

式(27)の右辺に式(7)および(16)を代入すると

$$u=\frac{\kappa}{\kappa-1}\frac{P}{\rho} \qquad \cdots(28)$$

気体(空気)の場合、通常位置エネルギーは無視できるので、式(26)より、

$$\frac{U^2}{2}+\frac{\kappa}{\kappa-1}\frac{P}{\rho}=一定 \qquad \cdots(29)$$

を得る。これが圧縮性流体のベルヌーイの式である。ちなみに、非圧縮性流体(主に液体)に対するベルヌーイの式は、通常内部エネルギーの項を無視して、

$$U^2/2+P/\rho+gZ=一定 \qquad \cdots(30)$$

となるが、概略の様子を把握するために位置エネルギーも無視した次式を慣用的に用いている。

$$U^2/2+P/\rho=一定 \qquad \cdots(31)$$

式(31)は摩擦を無視した定常流れにおいて運動エネルギーと圧力エネルギーの総和は一定であることを意味しているが、変形して、

$$\rho U^2/2+P=P_t \qquad \cdots(32)$$

と書くと、流管内において動圧($\rho U^2/2$)と静圧(P)の和は一定値(P_t：全圧)になると解釈することもできる。また、流れの中にピトー管(第7図)をおくと、流れに垂直な方向で静圧、よどみ点で全圧をそれぞれ測定することにより、式(32)

より動圧を求めることができる。また、空気の流れでも圧縮性が無視できるような場合(たとえば、低速流れ)には、目安として、式(32)を用いる場合も多々ある。

6. ドレンの発生原理

ドレンとは、凝縮した水分を中心として、これに油分や粉塵が混合した液状のものを言う。空気圧縮機で生成される圧縮空気はすでにドレンを含んでいて、圧縮空気の発生部(第1図で空気圧縮機、アフタークーラ、空気タンク)や清浄化部(第1図で 空気圧フィルタ、エアドライヤ)には発生したドレンを貯留・排出するための機構が付いている。第8図は密閉容器内の湿り空気の温度を下げていった場合の経過を示している。空気は、温度低下に伴い含有できる水蒸気の量が減少していくため、飽和水蒸気量(水蒸気として、一定空間中に含まれる水分量の上限をさし、温度のみの関数である)以上の水蒸気が空間内に存在するときには、温度降下に伴い水分が凝縮し容器下部にたまる。「水蒸気を含む気体を圧力一定のままで冷却するとき、含まれている水蒸気が飽和する温度」を露点といい、これを知ることで水蒸気量を間接的に推測することができる。露点に達した状態は湿度(相対湿度)100%の状態であるが、露点には大気圧露点(大気圧状態での露点)および圧力露点(ある圧力時の露点)がある。相対湿度(通常、湿度といった場合はこれを指す)は次式で定義さ

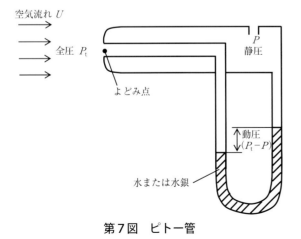

第7図　ピトー管

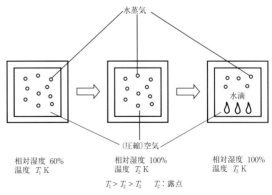

$T_1 > T_2 > T_3$　T_3：露点

第8図　(圧縮)空気内水蒸気の凝縮

れる。

相対湿度＝湿り空気中の水蒸気の質量 [g/㎥]／
飽和水蒸気量 [g/㎥]×100 [％]
＝湿り空気中の水蒸気分圧 [Pa]／
飽和水蒸気圧 [Pa]×100 [％]
…(33)

また、絶対湿度は次式で定義される。

絶対湿度＝湿り空気中の水蒸気の質量 [g]／
湿り空気中の乾き空気の質量 [g]
×100 [％]　　　…(34)

ここに、

湿り空気：水分（水蒸気）を含む空気

乾き空気：水分（水蒸気）を含まない空気

空気圧システム内の機器で水滴が発生する（結露する）とさまざまなトラブルの原因になるので、ドレンを除去（排出）する機能を有していない機器では、機器選定（サイジング）の際に十分注意する必要がある。

7. おわりに

以上、空気圧の基礎事項を空気圧システムを意識しながらなるべく平易に解説したつもりであるが、筆者の浅学ゆえ厳密さを欠いた部分もあり得るがご容赦願いたい。本稿により、これから空気圧を勉強される方が、空気圧の基礎的な概念を流体力学および熱力学的側面から把握することができるきっかけになれば幸いである。

＜参考文献＞
(1) 実用空気圧ポケットブック、㈳日本フルードパワー工業会発行
(2) 実用空気圧、㈳日本フルードパワー工業会編、日刊工業新聞社発行
(3) 小根山尚武著：空気圧システムの省エネルギー、㈶省エネルギーセンター発行
(4) 小根山尚武著：わかりやすい空気圧機器、JIPMソリューション発行

【筆者紹介】
藏上　大輔
SMC㈱　技術研究部
〒300-2493 茨城県つくばみらい市絹の台4-2-2
TEL：0297-52-6651
E-mail：kurakami.daisuke@smcjpn.co.jp

空気圧技術の基礎知識
一般事項

CKD㈱　三宅　博久

1．空気の質
1-1　圧縮空気中の不純物

　圧縮空気中の不純物には、システム外部から混入するもの、システム内部で発生するもの、機器の製作・据付・修理時に混入するものなどがあると知られている（第1図）。

　これら不純物が含まれた圧縮空気は、空気圧機器に悪影響を及ぼすため（第1表）、除湿器やエアフィルタ等により清浄化され使用される。

　近年は、オゾンによる空気圧機器の不具合の割合が低いものとは言えなくなった。従来の給油形往復圧縮機であれば、オゾンを吸い込んでも圧縮熱やドレン等によりオゾンが減衰し空気圧機器に影響を及ぼすことは少なかったが、無給油形圧縮機の普及によりオゾンを吸い込んでも、減衰の割合が小さくなり空気圧機器に悪影響を与えることがある。

　オゾンによる影響は、特にゴム材料の劣化という形で表れることが多いので、注意が必要である。

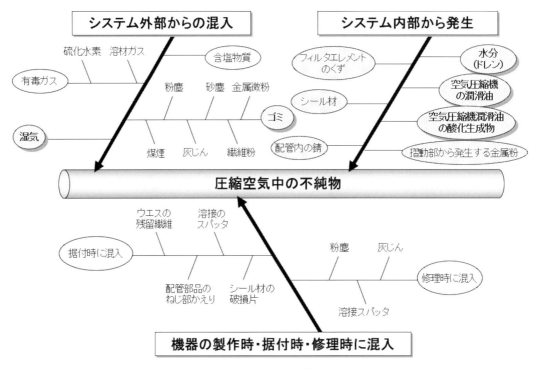

第1図　圧縮空気中の不純物と混入経路

第1表　圧縮空気の不純物が空気圧機器に与える影響

主な不純物／制御機器	水分（ドレン）	空気圧縮機等の潤滑油	酸化生成物（カーボン・タール）	異物（ゴミ・切粉・シール材・溶接スパッタ・錆等）
エアフィルタ	● エレメントの圧力損失の促進	● エレメントの劣化促進 ● ボールの劣化 ● 自動排出機能部品劣化	● エレメントの圧力損失増加の促進 ● ドレン自動排出機能不良	● エレメントの圧力損失増加の促進 ● ドレン自動排出機能不良
ルブリケータ	● 潤滑油の劣化	● 潤滑油の劣化	● 油量滴下調整機能不良	● 油量滴下調整機能不良
減圧弁	● 弁部の摺動部分に影響を与え作動不良やシール不良	● シール材の膨潤や劣化による作動不良、シール不良	● 弁部が固着し、圧力調整不良	● 弁部にかみ込み調圧不良 ● 弁シール部の摩耗破損によるエア漏れや圧力調整不良
バルブ（切換弁）	● 摺動部等のグリスを洗い流すため、抵抗増大による動作不良やパッキン類の異常摩耗や破損 ● パイロット通路に溜まり、動作不良 ● 発錆	● シール材の膨潤や劣化による作動不良、シール不良	● 摺動部に付着し、動作不良やパッキン類の劣化促進	● 摺動部にかみ込み、作動不良やパッキン類の異常摩耗や破損 ● パイロット通路をふさぎ作動不良
速度制御弁	● 通路に溜まり、圧力損失増加 ● 凍結により、速度制御不良 ● 発錆	● シール材の膨潤や劣化による速度調整不良	● ニードル部に付着し、速度調整不良	● 弁部やニードル部につまり、速度調整不良
シリンダ	● 摺動部等のグリスを洗い流すため、抵抗増大による動作不良やパッキン類の異常摩耗や破損 ● 発錆	● シール材の膨潤や劣化による作動不良、シール不良	● 摺動部に付着し、動作不良やパッキン類の劣化促進	● 摺動部にかみ込み、作動不良やパッキン類の異常摩耗や破損

1-2　清浄等級

　圧縮空気の質については日本フルードパワー工業会規格「空気圧機器及びシステムの清浄度管理指針　JFPS 2023」で制定されている。また、日本工業規格においても、「JIS B 8392-1:2012 圧縮空気－第1部：汚染物質及び清浄等級」として空気質の等級を制定し、使用者と納入業者間の取引で活用されている（第2表）。

　また、圧縮空気の清浄度は含まれる「固体粒子」と「湿度と水分」「オイル」を各等級に分けて分類し、その順で例えば「1：6：1」のように表示することが定められている（第2図）。

第2表　圧縮空気清浄等級

等級	固体粒子 粒子径d(μm)に対応した1m³当たりの最大粒子数 0.1<d≦0.5	0.5<d≦1.0	1.0<d≦5.0	固体粒子 質量濃度Cp mg/m³	湿度及び水分 圧力露点 ℃	湿度及び水分 水分濃度Cw g/m³	オイル オイル総濃度 mg/m³
0	等級1より厳しい条件で、使用者又は納入業者が指定する。						
1	≦20,000	≦400	≦10	-	≦-70	-	≦0.01
2	≦400,000	≦6,000	≦100	-	≦-40	-	≦0.1
3	-	≦90,000	≦1,000	-	≦-20	-	≦1
4	-	-	≦10,000	-	≦+3	-	≦5
5	-	-	≦100,000	-	≦+7	-	-
6	-	-	-	0<Cp≦5	≦+10	-	-
7	-	-	-	5<Cp≦10	-	Cw≦0.5	-
8	-	-	-	-	-	0.5<Cw≦5	-
9	-	-	-	-	-	5<Cw≦10	-
X	-	-	-	Cp>10	-	Cw>10	>5

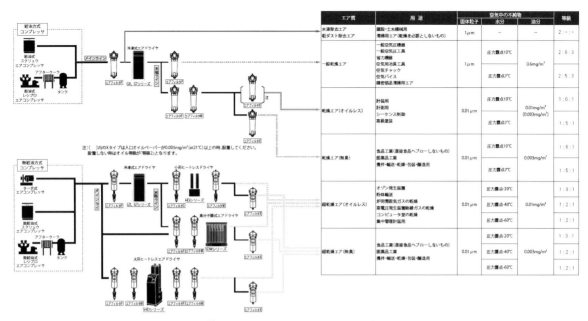

第2図　クリーンエアシステム例

なお、日本工業規格では清浄等級を決定するにあたり、試験方法についてもJIS B 8392の第2部から第9部で規定している。

- JIS B 8392-2:2011圧縮空気－第2部：オイルミストの試験方法
- JIS B 8392-3:2001空気圧－第3部：湿度測定方法
- JIS B 8392-4:2003圧縮空気－第4部：固体粒子含有量の試験方法
- JIS B 8392-5:2005圧縮空気－第5部：オイル蒸気及び有機溶剤含有量の試験方法
- JIS B 8392-6:2006圧縮空気－第6部：ガス状汚染物質含有量の試験方法
- JIS B 8392-7:2008圧縮空気－第7部：微生物汚染物質含有量の試験方法
- JIS B 8392-8:2008圧縮空気－第8部：質量濃度による固体粒子含有量の試験方法
- JIS B 8392-9:2008圧縮空気－第9部：質量濃度による水分含有量の試験方法

1-3　クリーンエアシステム

圧縮空気をそのまま空気圧機器に使用すると、空気圧機器のパッキンや駆動部の磨耗、オリフィス穴のつまり、ドレンの流出、配管の腐食等の不具合が発生する。そのためこれらゴミ・水分・油分等を取り除くための空気圧機器を目的・用途に応じて安全かつ効率的に配置したのが、第2図に例を示したクリーンエアシステムである。しかし、これはあくまでも一般的な目安ととらえ、実際の運用に当たっては、周囲の環境、使用目的、機器の特性、要求内容、経済性等を十分に考慮して最適のシステムを採用するべきである。

なお、クリーンエアシステムでは、有害なガスやオゾン等は完全に除去することが困難である。したがって使用している空気圧機器に悪影響を及ぼすことも十分に考えられるので、注意することも必要である。

2.　一般事項
2-1　音速コンダクタンスについて

電磁弁等の空気圧機器の流量計算は国や業界でさまざまな方法が用いられていた。日本では主に有効断面積による方法を用いていたが、現在は音速コンダクタンスCと臨界圧力比bを使

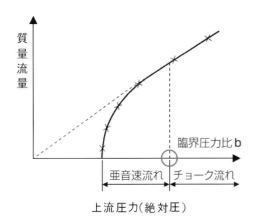

第3図　上流圧力に対する質量流量特性

$$\frac{P_2 + 0.1}{P_1 + 0.1} \leq b \text{ のとき、チョーク流れ}$$

$$Q = 600 \times C(P_1 + 0.1)\sqrt{\frac{293}{273 + t}} \quad \cdots (1)$$

$$\frac{P_2 + 0.1}{P_1 + 0.1} > b \text{ のとき、亜音速流れ}$$

$$Q = 600 \times C(P_1 + 0.1)\sqrt{1 - \left[\frac{\dfrac{P_2 + 0.1}{P_1 + 0.1} - b}{1 - b}\right]^2}\sqrt{\frac{293}{273 + t}}$$

$$\cdots (2)$$

Q ：空気流量 $[\mathrm{dm}^3/\min(\mathrm{ANR})]$
C ：音速コンダクタンス $[\mathrm{dm}^3/(\mathrm{s \cdot bar})]$
b ：臨界圧力比 [－]
P1：上流圧力 [MPa]
P2：下流圧力 [MPa]
t ：温度 [℃]

　参考までに日本ではISO 6358:1989をもとにしたJIS B 8390:2000が制定されるまでは、タンクに充填した圧縮空気を放出させた際の圧力応答から有効断面積Sを求める方法が用いられており、換算は次式で行うことができる。

　S＝5.0C

　　S：有効断面積 $[\mathrm{mm}^2]$
　　C：音速コンダクタンス $[\mathrm{dm}^3/(\mathrm{s \cdot bar})]$

2-2　空気圧で使用するねじ（R、G）

　空気圧機器の接続には、マニホールドのバルブやモジュールFRLを中心にボルトによるフランジ接続構造が増えてきたが、それらを除き多くの場合では管用（くだよう）ねじによる接続が基本となっている。

　管用ねじには大きく分けて、管用テーパねじと管用平行ねじがある（第3表）。

　管用テーパねじは、おねじとめねじのかん合で機密性を得る構造となっていて、実際にはシールテープやシール剤を併用して使われる。

　管用テーパおねじのサイズは、記号Rと呼びサイズで表され、管用テーパめねじのサイズは、記号Rcと呼びサイズで表される。管用テーパねじには管用テーパおねじと組み合わされる管用平行めねじPpも規定されている。

う方法に変更されている。Cおよびbは以下のように定義されている（第3図）。

①音速コンダクタンスC：sonic conductance
　チョーク流れ状態の機器の通過質量流量を上限絶対圧力と標準状態の密度の積で割った値。

②臨界圧力比b：critical pressure ratioこの値より小さいとチョーク流れとなる圧力比（下流圧力／上流圧力）

＊チョーク流れ（choked flow）
　上流圧力が下流圧力に対して高く、機器のある部分で速度が音速に達している流れ。気体の質量流量は上流圧力（絶対圧）に対して比例し、下流圧力には依存しない。

＊亜音速流れ（subsonic flow）
　臨界圧力比以上の流れ。音速に達しない流れ。

＜流量計算式＞

実用単位により次のように表される（ここでの流量は体積流量、圧力はゲージ圧となる）。

第3表　管用テーパねじと管用平行ねじの種類と組み合わせ

	おねじ	めねじ	規格
管用テーパねじの組み合わせ1	R　（PT）	Rc　（PT）	JIS B 0203／ISO 7/1
管用テーパねじの組み合わせ2		Rp　（PS）	JIS B 0203／ISO 7/1
管用平行ねじ	G　（PF）	G　（PF）	JIS B 0202／ISO 228/1
アメリカ管用テーパねじ（参考）	NPT	NPT	ANSI／ASME B1.20.1

（　）内は旧JISの記号

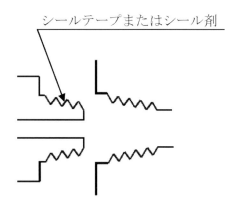

第4図　RねじとRcねじによる接続の実施例

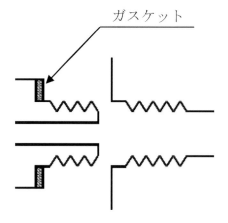

第5図　Gねじによる接続の実施例

　管用平行ねじによる接続では、ねじ部以外にシール構造が設けられ、ガスケット等により機密を確保しており、ヨーロッパではこのねじがよく利用されている。そのサイズは、記号Gと呼びサイズで表される。

　なお、アメリカでは独自規格ANSIで規定されたNPTねじが、一般的に使わいる。

　NPTねじは、テーパねじに分類されるが、R（Rc）ねじとはピッチや径が異なるため注意が必要となる。

　第4、5図に管用テーパーねじと管用平行ねじの使用例を示す。

【筆者紹介】

三宅　博久
CKD㈱　コンポーネント本部
開発技術統括部　技術支援グループ
〒485-8551　愛知県小牧市応時2-250

空気圧機器の作動と性能
圧縮機の種類・構造・特徴

アネスト岩田㈱

1. はじめに

　圧縮機が作り出す圧縮空気は自動車工場や食品工場、医療施設や一般家庭など様々な業種で広く利用されている。そもそも圧縮機とは、大気圧の空気の圧力を2倍以上にする機械、すなわち圧力比が2.0以上のものを指す。このときの圧力は絶対圧力である。これ以下の圧力比のものは送風機と呼ばれる。ここでは圧縮機の種類や構造、それらの特徴について紹介する。

2. 圧力機の種類

　まず圧縮機の種類を大別すると容積形とターボ形に分けられる。

　容積形圧縮機とは圧縮室の容積を変化させることにより、内部の気体の圧力を上昇させる。容積形圧縮機には往復式と回転式があり、代表的なものでは往復ピストン式やスクリュー式、スクロール式などがある。

　ターボ形圧縮機とは、翼やインペラの回転による運動エネルギーを気体に与えることにより圧力を上げる。ターボ形圧縮機には遠心式と軸流式とがある（第1図）。

2-1　容積形往復式圧縮機　第2図

　往復式圧縮機はピストンの往復運動によって、圧縮室の容積を変化させることにより気体を昇圧する。

　往復型圧縮機は圧縮機構が単純なため部品点数が少なく、他の容積形圧縮機と比べて部品加工も容易なため、安価に製造することができる。往復型は一つのクランク軸に複数の連接棒を設けることで多気筒化できるため、多段圧縮することが容易であり、高い圧縮比を得やすい。

　一方、ピストンの往復運動による振動や、弁の開閉音が発生するため騒音が大きくなりやすい。さらに一行程の中で気体の吸込みと吐出し

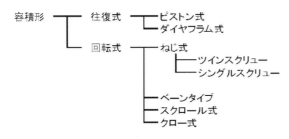

第1図　圧縮機の種類図

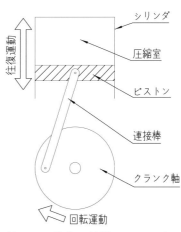

第2図　往復圧縮機のイメージ図

を交互に行うため、吸気行程と圧縮行程でのトルク差が大きくなり圧縮機としての効率は低くなりやすい。これは慣性力を大きくすることで改善できるが、可動部品の重量を大きくする必要があることから起動性[※1]が悪化してしまうのでバランスをとる事が重要となる。

2-2 容積形スクロール式圧縮機

スクロール式圧縮機は、固定した渦巻き体と180°ずれた旋回運動する渦巻き体によって圧縮室が構成されている。第3図のように旋回する渦巻き体によって、圧縮室の容積が内側に向かうにつれ小さくなり気体を昇圧する。

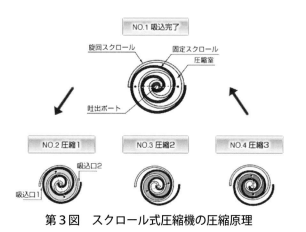

第3図 スクロール式圧縮機の圧縮原理

スクロール式圧縮機は、気体の吸気・圧縮・吐出を連続的に行なうため、トルクの変動が少ない。駆動部品は旋回もしくは回転運動のみである。よって理論的には動バランス[※2]を完全にとることができるため、運転中の振動が少ない。

スクロール式圧縮機は、中心に向かって連続

的に圧縮されるため、気体を制御する弁が必要なく、弁の開閉による騒音が発生しない。0.75から7.5kWクラスでは比較的効率がよい。これを利用して5.5～30kWクラスのスクロール式圧縮機を構成する場合、多台式[※3]を用いることが多い（第4図）。

第4図 多台搭載型スクロール式圧縮機

一方、スクロール式圧縮機は圧縮室のシール部分となる渦巻き体同士の隙間を極めて小さくする必要があり、高い加工・組立精度が必要になる。また遠心力や圧縮気体による応力によって渦巻き体が接触する恐れがあるため、渦巻く体には強度が必要になる。渦巻きの中心に行くにつれて圧力が高くなるため、中心部に熱が溜まりやすく、外部からの冷却が難しい。

2-3 容積形スクリュー圧縮機

スクリュー式圧縮機は雄ネジローターと雌ネジローターのかみ合わせによって圧縮室を構成し、第5図のように圧縮室の容積を変化させ昇圧する。

※1：起動性とは、圧縮機が始動し定格回転数までの加速のし易さをいう。通常圧縮機は吐出側配管に残圧が残った状態で起動するため始動直後に大きなトルクが必要になる。一部の圧縮機では圧縮空気を利用して、弁を開き昇圧しないようにするアンロード始動式を採用したり、残圧を抜くなどの対策をとることで機動性を確保するケースが多い。

※2：動バランスとは、旋回や回転によって発転する、回転軸に対しての質量の偏りの事をいう。この偏りはカウンターウエイトによって相殺することができる。

※3：多台式とは複数の圧縮機本体によって一つの圧縮機を構成する方法である。圧縮機の負荷が低いときに、一部の圧縮機を停止することができるため省エネ性に優れている。停止する圧縮機をローテーションすることで、圧縮機本体一台あたりの運転時間を少なくすることができるため高寿命化が期待できる。圧縮機の一部が故障した場合、ほかの圧縮機本体でバックアップ運転をすることが出来るため、圧縮空気を使用する工場ラインへの影響を最小限にすることができる。

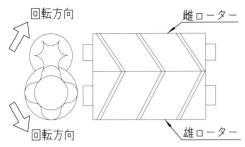

第5図　スクリュー式圧縮機のイメージ図

スクリュー式圧縮機は、容積形圧縮機の中で非常に効率が良い。さらに可動部品となる雄・雌ネジローターは単純な回転運動をするため、動バランスが取りやすい。よってローターの高速回転化が可能になり小さいローターで大きな排除容積[4]を得ることができる。

この高回転・高排除容積により、スクリュー圧縮機は小型でありながら大流量を圧縮することができる。

一方、スクリュー式に使われるローターは三次元的な形状のため加工が難しい。さらにオイル潤滑[5]式では、油分離タンクやオイルクーラー等の補類器が必要になる。オイルフリー機ではローターの接触防止のため回転同期機構が必要になり、ローター間のクリアランス管理が必要になることから、スクリュー式圧縮機は他の容積形と比べて高価になりやすい。

2-4　ターボ形遠心圧縮機

遠心型圧縮機は気体がインペラを通過する時に、主に遠心力によって気体を昇圧する。

遠心型圧縮機は同出力の軸流型圧縮機と比べて、一段あたりの圧縮比が高く、小型化や回転数の変化による効率の低下が少ないため、軽量化や小型化に適している。また、軸流型に比べて流入気体の乱れによる影響を受けにくい。

一方、高圧縮比を得る場合には多段[6]化する必要があるが、構造上多段化することが難しい。圧縮比や出力を上げる場合はインペラの径を大きくするか、回転数を高くする必要がある。しかし大型化により効率が下がり、軸流型圧縮機と同程度になってしまうので、高圧力・高出力が必要な場合は軸流多段＋遠心一段という使われ方が多い。

2-5　ターボ形軸流圧縮機

軸流型圧縮機は動翼の背側と腹側に発生する圧力差（揚力）によって昇圧する。静翼は後方に続く動翼の適正流入角に気体を整流する。気体は回転軸方向に向かって流れ昇圧される（第6図）。

軸流型圧縮機は遠心型圧縮機に比べて、小径の割には大流量を扱うことができる。一段あたりの圧縮比は小さいが、軸方向に多段化するこ

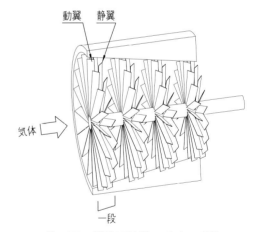

第6図　軸流圧縮機のイメージ図

※4：排除容積とは、容積形圧縮機が単位時間当たりに取り込むことができる圧縮質の容積である。但し排除容積と等しい量を吐出することは難しく、圧縮工程での漏れや、吸込みポートでの圧力損失などにより、吐出空気量は排除容積よりも少なくなることが多い。この排除容積に対する吐出空気量の比を体積効率といい、圧縮機の性能の指標として使われる。

※5：オイル潤滑とは、圧縮室内を油によって潤滑する方式である。オイル潤滑をすることにより冷却性・シール性がよくなり圧縮機の吐出空気量や機械寿命などが向上する。しかし吐出空気にオイルが含まれるため、圧縮空気の品質は低下する。オイルフリー機とは圧縮機内の潤滑をせずドライな状態で圧縮する方式である。この場合吐出空気には油分が含まれず、圧縮空気の品質は良いものとなるが冷却性やシール性は低下する。

※6：多段とは到達圧力に達するまでに複数回昇圧することを言う。対して一回の昇圧で到達圧力に達するものを一段圧縮という。

とが容易であり高圧縮比を得やすい。

　一方、軸流圧縮機は流入する気体の乱れの影響による、サージングや旋回失速が発生しやすい。サージングとは軸方向に発生する脈動の事で、圧縮機の翼に対して重大な破損を発生させる。旋回失速とは動翼の一部が失速することにより、周方向下流側の翼に乱れが伝播し新たに失速を引き起こす。これにより効率の低下が発生する。また構造が複雑なことから、部品点数が多く高価になりやすい。

3. おわりに

　最後に、圧縮機を設計する上で市場ニーズや使用環境、対環境性や省エネ性、など様々な要因を考慮する必要がある。そこで重要なのがそれぞれの圧縮機が持っている長所・短所がそれらにマッチしているかどうかである。本文で紹介したものは代表的なものの一部であるが、これから技術者になるフレッシュマンの方々の一助となれば幸いである。

問い合わせ先

アネスト岩田㈱
エアエナジー事業部
URL：https://www.anest-iwata.co.jp

空気圧機器の作動と性能
エアドライヤの作動原理と特徴

SMC㈱　那須 一文

1. はじめに

　エアドライヤとは、圧縮空気中に含まれる水蒸気を除去して乾燥空気を得るための機器である。除去の方法により、冷凍式と吸着式、これに加えて浸透膜分離式（膜式）がある。その性能は、得られる乾燥空気の露点で表され、それを示す温度が低いものほど除湿性能が高い。

　第1表に示すISO 8573-1：2010（JIS B 8392-1：2012）による圧縮空気の品質等級を目安に、エアドライヤの除湿方式を選定する必要がある。

　本稿では、これらのエアドライヤの作動原理や特徴について記述する。

2. 冷凍式ドライヤ

　冷凍式ドライヤは最も一般的に使用されている種類で、空気源に設置されることが多く、エアコンプレッサの吐出流量に応じたラインナップを有する（写真1）。

　圧縮空気を冷凍回路により強制的に冷却し、水分（水蒸気）を凝縮させることにより分離除去を行う。冷却による除去は水分が凍結するため、加圧状態で0℃以上の露点にする（出口空気露点：圧力露点で3〜10℃）。

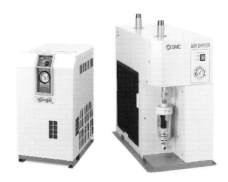

写真1　冷凍式ドライヤの外観

2-1　作動原理

　第1図に示すように、圧縮空気の流れる回路は、圧縮空気を冷却するエアクーラと冷却された圧縮空気を暖めるエアリヒータ、および凝縮

第1表　圧縮空気の品質等級

等級	圧力露点 ℃（空気圧力0.7MPa時）	大気圧露点℃	エアドライヤの選定目安			適用用途例
			冷凍式	膜式	吸着式	
1	≦−70	≦−83			○	粉末搬送低温室作動装置半導体部品のブロー
2	≦−40	≦−58		○	○	
3	≦−20	≦−42		○	○	
4	≦＋3	≦−23	○	○	○	一般用空気圧機器塗装工作機械乾燥
5	≦＋7	≦−20	○	○		
6	≦＋10	≦−17	○	○		

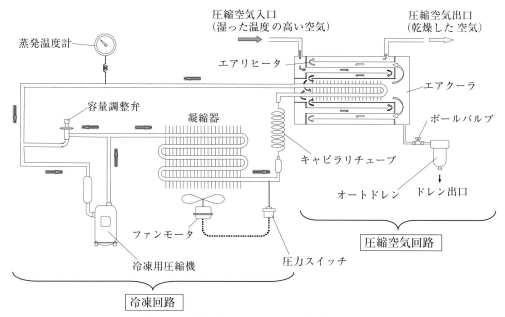

第1図　冷凍式エアドライヤの作動原理図

した水分を外部へ排出するオートドレンより構成されている。冷凍回路は、冷凍用圧縮機、凝縮器、ファンモータ、容量調整弁およびキャピラリチューブ等から構成されている。

(1) 圧縮空気回路

　温度の高い湿った圧縮空気は、エアリヒータに入り、そこでエアクーラで冷却された冷たい空気と熱交換を行い、予冷却されてエアクーラに入っていく。エアクーラでは、冷凍回路により更に冷却される。この結果、空気中の水蒸気は凝縮して水滴となってドレン分離部に集まり、オートドレンより自動的に外部に排出される。冷却された空気は、エアリヒータでドライヤに入ってきた温度の高い空気と熱交換を行い、温度の高い、乾燥した空気となって二次側に供給される。エアリヒータがあるため、圧縮空気が予冷され冷凍用圧縮機にかかる負担を小さくすることができる。また、二次側に供給される空気の温度を高くして、二次側配管の表面での結露を防止することができる。

(2) 冷凍回路

　冷凍用圧縮機より吐出された高温高圧の冷媒ガスは、凝縮器でファンモータにより冷却され

（空冷式の場合）冷媒液となる。その後、キャピラリチューブ（内径φ1～2mm、長さ1～2mの銅管）を通りエアクーラに入っていく。キャピラリチューブを通過する時、冷媒圧力が急激に低下し、温度も低下する。エアクーラで冷媒液が圧縮空気の熱を奪い、ガス化していく。この結果、圧縮空気が冷却される。エアクーラを出た冷媒ガスは冷凍用圧縮機へ吸入される。

　無負荷、あるいは低負荷の場合、エアクーラで圧縮空気から奪う熱量が少なくなるため、冷え過ぎの状態になり、凝縮した水分が凍結することがある。これを防止するため、容量調整弁で冷媒ガスをエアクーラ出口にバイパスし、低圧側の冷媒圧力（蒸発温度）が下がり過ぎないようにしている。また、圧力スイッチで凝縮器を冷却するファンモータをON/OFF運転して、高圧側の冷媒圧力（凝縮温度）も下がり過ぎないようにしている。

2-2　特徴

①大流量の圧縮空気に対応できる

②吸着式ドライヤのように定期的に吸着剤の交換等の消耗品が不要である

③再生空気等を必要とせず、空気のロスが少ない

3. 膜式ドライヤ

高分子中空糸膜を使用することで除湿を行う。

この高分子中空糸膜は、水蒸気を浸透させるが窒素・酸素は透過しにくい性質を持つため、膜の内側と外側の水蒸気圧力の差によって水蒸気のみを外部に放出する機能を持つ。膜の外部は水蒸気圧を下げておくため、除湿した空気によるパージ（消費）が必要となる。また、このパージする空気量により露点温度が変化する（写真2）。

膜式ドライヤは、フィルタ感覚で機械装置内や端末回路にて使われることが多く、冷凍式ドライヤよりも低露点が得られる（出口空気露点：大気圧露点で−15〜−60℃）。

写真2　膜式ドライヤの外観

3-1　作動原理

第2図に示すように、湿った圧縮空気はケース内の膜モジュール（中空糸膜の束）を通過する際に、水蒸気だけが膜を通過して外部に放出され、パージ空気によってケース外部に排気される。

除湿された圧縮空気の一部が固定オリフィスを通過してパージ空気となり、膜の外側を乾燥した状態に保つ役目をする。

3-2　特徴

①電源不要：

冷凍式、吸着式と異なり、電気を使用していないため、電源の異なる地域でも使用できる。また、発熱によるエネルギー損失もなく、電気機器の場合に適用される種々の規格の規制も受けることはない。

②小型、軽量：設置面積が小さく、機器に内蔵し易い。

③ノンフロン：地球温暖化の原因となるフロンを使用していないため環境に易しい。

④可動部がなく長寿命

⑤低露点も得られる（大気圧露点で−15〜−60℃）

⑥ドレンの発生なし

⑦フィルタ類とのモジュラ接続が可能

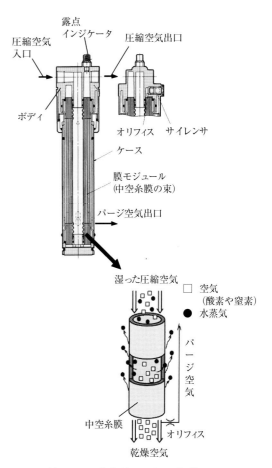

第2図　膜式ドライヤの作動原理図

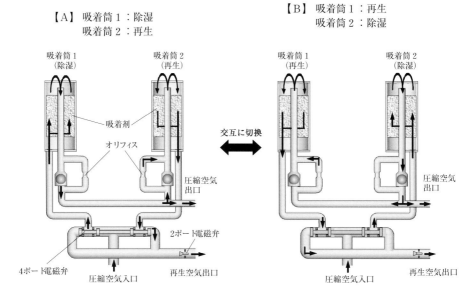

【A】 吸着筒1：除湿
　　　吸着筒2：再生

【B】 吸着筒1：再生
　　　吸着筒2：除湿

第3図　吸着式ドライヤの作動原理図

4. 吸着式ドライヤ

シリカゲル・活性アルミナやゼオライト等の乾燥剤を用いて、水蒸気を吸着し除湿を行う。

飽和した乾燥剤は自動的に再生されるが、この際、除湿された圧縮空気の一部を湿った乾燥剤の再生に利用するために、空気を消費する。また、処理量に応じた一定の乾燥剤が必要となる。冷凍式ドライヤの用途と異なり、低露点を要求するラインで使用されることが多い。また、膜式ドライヤよりもさらに低露点を得ることができる（出口空気露点：大気圧露点で−30 〜 −80℃）。

4-1　作動原理

入口から流入した圧縮空気は4ポート電磁弁を通り、吸着筒1で除湿されて乾燥空気になって出口より出て行く。一方、乾燥空気の一部はオリフィスを通って吸着筒2の吸着剤を再生し、湿分をともなって2ポート電磁弁から大気へ放出される。一定時間おきに4ポート電磁弁が逆の状態に切換え、吸着筒が除湿と再生を交互に繰り返すため、除湿は連続的に行われる。

4-2　特徴

①低露点が得られる（大気圧露点で−30 〜−80℃）

②ドレンの発生なし

5. おわりに

以上、エアドライヤの基本的な作動原理と特徴について概説した。これ以外に、負荷に応じて冷凍用圧縮機を制御運転させたり、排熱を利用し凝縮器の小型化・リヒータ能力を向上させた省エネタイプなどの冷凍式ドライヤもラインナップされている。今後も益々省エネ化や様々な用途に合わせた新しい製品が開発されていくと思われる。

本稿が、エアドライヤの特性の理解や選定する上での一助となれば幸いである。

【筆者紹介】

那須 一文

SMC㈱ 筑波技術センター　開発6部
〒300-2493　茨城県つくばみらい市絹の台4-2-2
TEL：050-35-392132
E-mail：nasu.kazufumi@smcjpn.co.jp

空気圧機器の作動と性能
方向制御弁

㈱コガネイ　稲葉　丈二

1. はじめに

　一般に圧縮空気を利用する空気圧システムでは、何らかの仕事や作業をさせる時には必ずと言っていいほど方向制御弁が使用される。方向制御弁は空気圧制御系の管路中に設置され、必要に応じて空気の流れる方向を変えたり、流れを止めたりして出力ポートの先に接続されているシリンダ等の駆動機器を制御している。そのため、システム内で使用する方向制御弁は、用途、環境に合わせて適切なものを選定しなければならない。しかし、方向制御弁には非常に多くの種類があり、また空気圧メーカ各社において多数のシリーズが存在する。そこで、本稿では方向制御弁に関する代表的な項目について分類し紹介する。

2. 方向制御弁の分類

　方向制御弁の分類を第1表に記す。実際にはさまざまな項目、要素があるが今回は代表的なものに絞っている。

2-1 操作方式

（1）電磁操作方式

　電磁石（ソレノイド）によって弁体を操作する構造で、電磁弁（ソレノイドバルブ）と呼ばれる。操作方式の中では最も代表的であり多く使用されている。

（2）空気圧操作方式

　空気圧により弁体を操作する構造で、空気作動弁と呼ばれる。電気を使えない環境下やオール空圧システムで使用される。但し、操作用のパイロット弁が別途必要となる。

（3）機械操作方式

　機械のカム等の機械的な力によって弁体を操作する構造で、機械作動弁と呼ばれる。

（4）人力操作方式

　人の力によって弁体を操作する構造で、手で操作するものが手動弁、足で操作するものが足踏弁と呼ばれる。

2-2 作動方式

（1）直接作動方式

　操作力によって直接、主弁を開閉させる方式で、直動形と呼ばれる。例えば、電磁弁の場合では、ソレノイドの力により直接、主弁を開閉させているため、真空や空気圧力が0（ゼロ）MPaからでも使用できる。しかし、弁体を直接動かすため弁の容量が大きくなると必要となる操作力も大きくなり電磁弁では消費電力が大きくなる。

（2）間接作動方式

　パイロットエアを利用して主弁を間接的に開閉させる方式で、間接形やパイロット形と呼ばれる。例えば、電磁弁ではソレノイドにより小さなパイロット弁を作動させ、そのパイロット圧力により主弁を開閉させている。

　パイロット形には、パイロット圧力をバルブ内部でメイン圧力から分岐して供給する内部パイロット形と外部から直接、パイロット弁に供給する外部パイロット形がある。

第1表　方向制御弁の分類

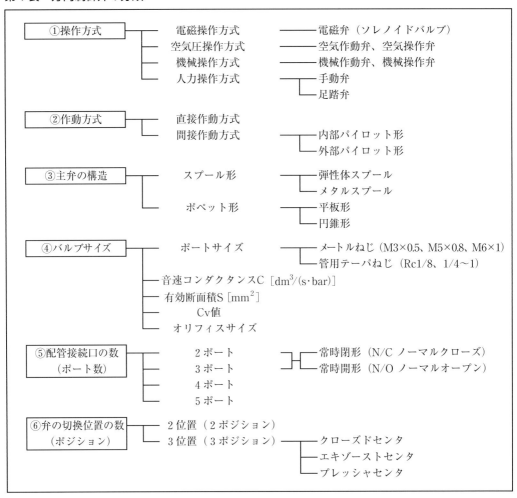

パイロット形の特徴としては、主弁の切り換えにパイロット圧力を利用しているためソレノイドの力は小さくて済む。そのため直動形に比べ消費電力を小さく抑えることが出来る。但し、主弁切換のために必ず空気圧力（パイロット圧力）が必要となる。そのため、内部パイロット形では、パイロット圧力以下の低圧での使用や圧力降下の恐れのあるエアブローには適さない。これらの仕様には外部パイロット形か直動形を選定する必要がある。

2-3　主弁の構造

（1）スプール形

スリーブの中にあるスプール状の弁体が軸方向に移動し、流路を切り換える構造である。ス

プール形は一般的に主弁を通る空気圧力が軸方向にバランスしており圧力が高くなっても弁体の切換えには影響を与えない。また、弁の大きさに比べ比較的大きな流量が得られるのも特徴である。構造上ポート数の多い4・5ポート弁に用いられることが多い。

スプール形もシール構造の違いにより弾性体スプール形、メタルスプール形に分けられる。弾性体スプール形はシールにゴム（弾性体パッキン）を使用してエア漏れを防いでいる。

メタルスプール形は金属製のスリーブとスプールを極めて小さな隙間にて、はめ合わせる構造である。隙間を要しているため、弾性体シールに比べ漏れ量は多くなる。

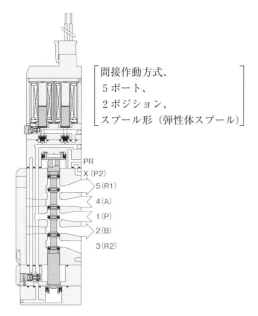

第1図　電磁弁Fシリーズ構造図

（2）ポペット形

弁体が弁座に対して垂直方向に動き、流路を開閉する構造である。弁の移動距離が短いため弁の切換えに要する時間が早いという特徴がある。また摺動部が少ないために耐久性が高い。但し、空気圧力が高くなると弁の開閉に必要な操作力も大きくなる。複雑な構造には向かないため2・3ポート弁に用いられることが多い。

2-4　バルブサイズ

バルブの大きさを表す方法として、ポートの配管接続口径の呼び、音速コンダクタンスC、有

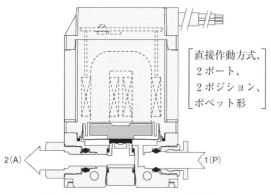

第2図　電磁弁K2シリーズ構造図

効断面積S、Cv値、オリフィスサイズ等での表示があり流量を示す目安となっている。

現在、日本ではJIS B 8390-2000に準じ、音速コンダクタンス：Cが用いられている。但し、上記JISの改訂前に使用されていた有効断面積Sが日本国内では浸透しており、直感的にも分かりやすい等の理由もありカタログ等には併記されて使用されることが多い。また、両者の関係はS＝5Cで表される。

2-5　配管接続口の数（ポート数）

エアバルブは配管接続口（ポート）の数により、2ポート、3ポート、4ポート、5ポートに分けられる。6ポート以上はあまり一般的ではない。

2-6　弁の切換位置の数（ポジション）

エアバルブは弁の切換え状態の種類をバルブの位置（ポジション）と言い、一般的には、2位置（2ポジション）、3位置（3ポジション）がある。

（1）2位置（2ポジション）

2ポジションのバルブとは、切換状態の位置が二つあるものを言い、最も一般的なものである。二つの位置とは、バルブがONの状態とOFFの状態である。

（2）3位置（3ポジション）

3ポジションのバルブとは、切換状態の位置が三つあるもので主に4・5ポート弁で用いられる。このバルブには入力信号が二つあり、三つの位置とは、各々入力信号がある場合と、どちらにも入力信号が無い場合の三つである。信号が無い状態が中立位置となり、中立位置の状態により以下の三つのタイプ（a〜c）に分けられる。

①クローズドセンタ・・・中立位置で全てのポートが遮断されるタイプ

②エキゾーストセンタ・・・中立位置で1（P）ポートを遮断し、2（B）〜3（R2）ポート、4（A）〜5（R1）ポートが繋がるタイプ

③プレッシャセンタ・・・中立位置で1（P）ポートが2（B）ポート及び4（A）ポートの両方に

(a)

(b)

(c)

写真1　結線方式

繋がるタイプ

2-7　その他（結線方式・配管方式）

電磁弁においてはソレノイドを作動させるために通電が必要となる。電磁弁においても結線方式は以下のような種類がある。

- グロメット形…ソレノイドから直接リード線を引き出したタイプ（写真1(a)）
- プラグコネクタ形…ソレノイドにコネクタピンを設けリード線付コネクタを差し込んで使用するタイプ（写真1(b)）
- DINコネクタ形…DIN規格に規定されているソケットを使用して結線するタイプ（写真1(c)）

また、配管については、直接配管形とベース配管形がある。写真2の(c)が直接配管形マニホールド、写真2の(a)、(b)がベース配管形マニホールドの例である。

直接配管形は配管ポートがバルブ本体に設けられている。バルブ交換時は配管を外す必要があ

りメンテに手間が掛かる。

ベース配管形は、配管ポートがバルブではなくベース側に設けられている。バルブ交換時には配管を外すことなくメンテ性には優れている。

3.　おわりに

本稿では、方向制御弁の代表的な分類について述べてきた。これら以外にも空気圧メーカ各社とも付加価値を高める多数のオプションや数多くの方向制御弁のバリエーションを製品として展開している。その中で、空気圧システムにおいて目標性能を実現するにあたり、仕様にあった方向制御弁を選定することが重要となってくる。仕様に合わない場合には、狙い通りの動作が得られなかったり、想定外のトラブルが発生する可能性がある。是非とも今回の機会に方向制御弁の基礎について知って頂き、今後の活動のお役に立てて頂ければ幸いである。

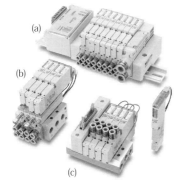
(a)
(b)
(c)

写真2　配管方式例（電磁弁Fシリーズ）

┌─【筆者紹介】─┐

稲葉　丈二
㈱コガネイ　開発一部
〒184-8533 東京都小金井市緑町3-11-28
TEL：042-383-7111　FAX：042-384-0086
URL：http://www.koganei.co.jp/

空気圧機器の作動と性能
流量制御弁

㈱コガネイ　大場　良太郎

1. はじめに

　空気圧を利用する場合、空気の流量を制御する（絞る）ことが必要である。この流量を制御する方法として、絞り弁、速度制御弁（スピードコントローラ）、クッション弁などがあげられる。これらの流量を制御する機器を総じて流量制御弁と呼ぶ。流量制御弁の使用用途は、空気圧回路中に組み込んで、シリンダのピストン速度の制御、エアーブロー及び冷却などでの流量調整、空気圧回路中の空気圧信号の遅れ制御のために用いるのが一般的である。

　本稿では、主に絞り弁と速度制御弁（スピードコントローラ）について述べる。

2. 絞り弁
2-1　絞り弁の構造・原理

　空気圧回路に抵抗をもたせる為に設ける絞りを固定絞りといい、その絞りを可変にしたものを絞り弁と呼ぶ。

　空気圧の場合、絞り弁として最も一般的なものは、ニードルバルブである。第1図にニードルバルブの構造の一例を示す。

　弁の開度は、つまみを回し主軸部のねじによってニードルを上下させることで調節する。精密な調整が可能なものでは、絞りの状態が確認しやすいよう、目盛を施したものもある。

2-2　絞り弁使用上の注意

　構造や外観など、様々のものがあるので、使用目的に合わせた流量調節範囲の得られる製品

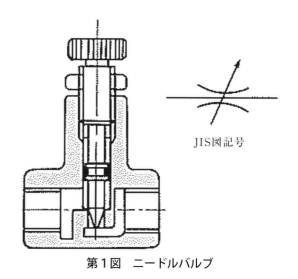

JIS図記号

第1図　ニードルバルブ

を選ぶ必要がある。また、ニードルや弁座を傷つけてしまい、絞りの効き方が変わることになるので、ニードルを過度に締め付けるような使い方はしないこと。

3. 速度制御弁（スピードコントローラ）
3-1　速度制御弁の構造・作動原理

　一般的な速度制御弁の構造は、第2図に示すように、要素として絞り弁部とチェック弁部の2つの要素で構成される。絞り弁部は一般的にニードル形式のものが多く用いられている。このタイプのものは弁座およびニードルが金属で作られていて、お互いのすり合わせを必要として、それにより開き始めの調節を可能にしようとしているが、基本的には流量はゼロにはなら

ず、微少漏れが生じる。

次に作動原理について説明する。

速度制御弁には流れに方向性があり、第2図のAポートからBポートへ空気が流れる場合、チェック弁は空気の圧力により閉じられ、絞り弁で調節された空気のみがBポートへ流れる。これを制御流という。また、逆にBポートからAポートへ空気が流れる場合、空気の圧力によりチェック弁が開く為、絞り弁の開度に関係なく空気が流れる。これを自由流という。一般のスピードコントローラには、JIS記号や矢印によって制御流、自由流の方向が示されている。

尚、自由流が流れる際にチェック弁を押し開き、ある一定の流量が得られる圧力をクラッキング圧力という。

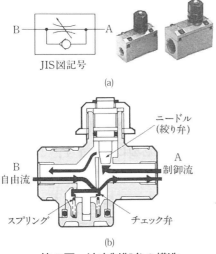

第2図　速度制御弁の構造

3-2　速度制御弁の流量特性

速度制御弁には、制御流の流量特性と自由流の流量特性の2通りの流量特性が存在する。第3図に制御流の流量特性、第4図に自由流の流量特性を示す。一般に、制御流は自由流より少ない流量となる。選定にあたっては、使用するシリンダのボア径、作動速度を考慮し十分な制御流の流量のあるものを選ぶ必要がある。

また、制御流の流量特性はニードルの回転数と流量の関係を示したものであるが、1回転あ

たりの流量の変化が小さい特性のもの、つまり傾きが小さな特性のものほど、微調整が可能ということである。低速域の調整など微調整が必要な場合にはこの点に注意して速度制御弁を選定するとよい。

尚、シリンダ速度が速い条件の場合には自由流の流量が十分確保されていることを確認すること。

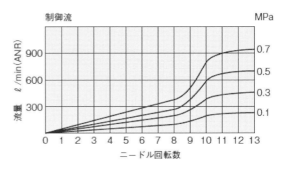

第3図　制御流の流量特性

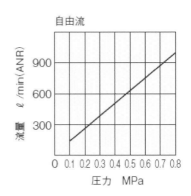

第4図　自由流の流量特性

3-3　速度制御弁の配管方式

（1）メータアウト制御とメータイン制御

速度制御弁を用いてシリンダの速度制御を行う場合、複動シリンダの場合メータアウト制御を行うことが一般的である。第5図の接続回路に示すとおり、メータアウト制御はシリンダの排気を絞り速度制御を行う方法である。これに対し、メータイン制御は第6図のとおり、シリンダの給気を絞る方法である。

一般的に、複動シリンダはメータアウト制御

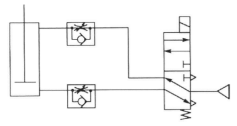

第5図　メータアウト制御

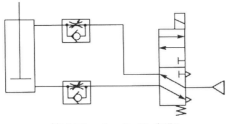

第6図　メータイン制御

を行うと述べたが、その理由を説明する。前提として複動シリンダは給気側と排気側の差圧（ピストン受圧面積の影響等詳細は省略）によって作動することを理解しておいていただきたい。

　まず、メータイン制御を行う場合を考える。第6図で5ポート弁をONにした場合、シリンダのロッド側のピストン室は速度制御弁の自由流により圧力は低い状態となる。この場合、ピストンが動く際の抵抗となるものは、負荷やシリンダの摩擦抵抗ということになる。また、シリンダの静摩擦は動摩擦より大きいので、ピストンに掛かる圧力が徐々に上昇し、静摩擦に打勝つとピストンが動き出す。ピストンが動き出すと摩擦は動摩擦となり軽くなる。しかし、摩擦が軽くなると空気の流量に比例してピストンが進むかといえばそうではない。

　空気には圧縮性があるので、$P_1V_1=P_2V_2$なる気体の法則に従い、ピストンが進みV_2が大きくなるとP_2が小さくなる。静摩擦に打勝つ圧力をP_s、動摩擦に打勝つ圧力をP_dとすると、P_2がP_dとなるまでV_2が膨張しピストンが停止する。次に絞りから空気が流入しP_sまで達すると再びピストンが動き出すことになり、このような現象を繰り返すことをスティックスリップ現象と呼ぶ。

　このスティックスリップ現象をさけるには、ピストンに背圧を残しP_2を安定させる為に、排気を絞り給気は絞らない回路とする、すなわちメータアウト制御とすることで絞り弁から排気される量に相当するだけピストンが前進する安定した動きが得られる。

（2）単動シリンダでの配管方式

　単動シリンダを速度制御する場合は、第7、8図に示すいずれかの方法で速度制御を行うこととなる。基本的にはメータイン制御を選ぶことが多いが、戻り側の制御も行う場合はメータイン・アウト制御となる。

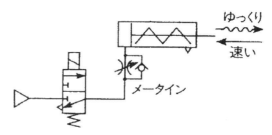

第7図　単動シリンダ配管方式(a)

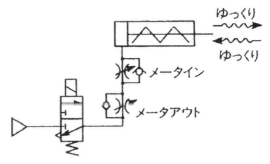

第8図　単動シリンダ配管方式(b)

3-4　速度制御弁使用上の注意

　空気圧の場合、油圧に比べ流量制御によるシリンダなどの精密な速度制御が難しいことは事実である。特に、超低速の作動やストロークの途中からの速度変換を、あらかじめ設定した速度に制御することは空気圧だけでは不可能に近い。しかし、以下の点に注意することで空気圧による速度制御は50～30mm/s程度まで可能となる。

①配管中の空気漏れを徹底的に止める。

　空気漏れがあると正確な速度制御は望めない。低速になるほど難しくなる。

②低速用シリンダを使用する。

　シリンダの摺動抵抗が速度制御に影響を与える為、グリスの変更などを行い低速域での速度制御の行いやすくした、低速用シリンダが市販されている。

③速度制御弁の取付け位置に注意する。

　速度制御弁はシリンダの接続口のできるだけ近くに取付けるのが原則である。シリンダから離れた位置であると配管内のボリュームが大きくなり、精密な速度制御は難しくなる。

4. 速度制御弁の種類と近年の動向

4-1 インスタント管継手付速度制御弁

　インスタント管継手と速度制御弁が一体となったもので、チューブの着脱をワンタッチで行うことができる。また第9図に示すものは、シリンダの配管ポートに直接取付けることができ、

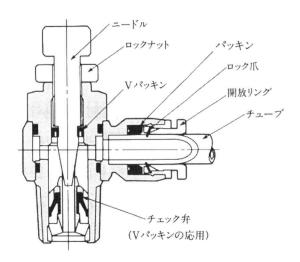

第9図　インスタント管継手付速度制御弁の
構造と外観

またねじ部にはシール剤がコーティングされており、配管工数を大幅に削減することができる。また、シリンダに直接取付けられる為、速度制御弁の設置スペースも小さく、近年ではこのタイプのものが主流となっている。

4-2 超小型速度制御弁

　近年、エアシリンダの小型化に伴い、速度制御弁も微少流量の制御が可能なものが必要となっている。また、シリンダの速度制御だけに留まらず、空気圧回路内で電磁弁を使用せずに空気圧だけで制御する場合には、順次動作やタイムラグを与えたりするときにも、絞り弁として活用されることが多い。このような際には小型で制御しやすいことが要求され、精密な絞りが必要とされる。

写真1　超小型速度制御弁

4-3 速度制御弁の動向

　近年、産業機械の複雑化や高機能化に伴い、空気圧機器にも高性能化が求められ、機器の組み付け作業、設定作業の効率化が求められている。なかでも、速度制御弁においては速度設定にある程度の知識と技能が求められる為、設定工数も大きな負担となっている。

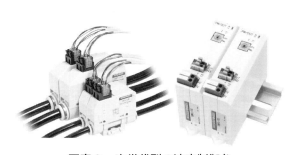

写真2　次世代型の速度制御弁

これらの問題を軽減すべく、ニードルの回転数を目視で確認できるものなどが登場してきたが、近年では新たな機能を備えた次世代型の速度制御弁が登場してきている。

従来は調整つまみを手で回し、ニードル開度を調整していたが、次世代型のものでは、専用の設定器やPCから数値入力を行うことで、電気的にニードル開度を変化させ自動的に設定を行うことができる。また、設定を行うだけに留まらず、専用のコントローラと合わせて使用することで、シリンダの動きを監視し、外乱や継続使用での経時変化によるシリンダ速度の変化を自動的に補正することが可能となっている。このような次世代型の速度制御弁を用いることで、メンテナンス工数の削減だけでなく将来的には生産ラインの無人化へと空気圧機器の新たな可能性への期待が高まっている。

【筆者紹介】

大場　良太郎
　㈱コガネイ　開発二部
　〒184-8533 東京都小金井市緑町3-11-28
　TEL：042-383-7113　FAX：042-383-7303
　E-mail：ohba-rt@koganei.co.jp

空気圧機器の作動と性能

駆動機器

㈱TAIYO　宮本　秀樹

1．はじめに

　空気圧シリンダはアクチュエータの中で、一般的に最も多く使用される空気圧アクチュエータであり、空気圧エネルギーを直線運動に変換できる機能を持っている。

　現在、市場には多種多様なシリンダが存在する為、使用用途に合わせて最適なシリンダを選定する必要がある。

　その為に本稿では、基本的なシリンダの構造と、用途別のシリンダの種類、取付形式について紹介する。

2．空気圧シリンダの構造

　最も一般的な片ロッド複動形のシリンダ構造は、第1図のようにシリンダチューブ、キャップ、ロッドカバー、ピストン、ピストンロッド、パッキン、グランド部（ブシュ）、クッションで構成されている。

　空気圧シリンダのクッション機構は、大きな

　慣性力を持ったピストンがストロークエンドで停止するとき、空気の圧縮性を利用して衝撃的にカバーに当らない目的で取付けられている。従ってクッション機構はストロークエンド近くからピストン運動を低速作動させるものではない。

　このようなクッション機構は、空気圧シリンダにどんな負荷を与えた場合でも、またどのような速度で運転していてもクッション効果が得られるものと期待しがちであるが、その使用状態によっては緩衝不能の場合も生じるので、作

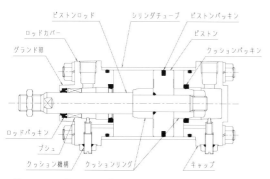

第1図　片ロッド複動形空気圧シリンダ構造図

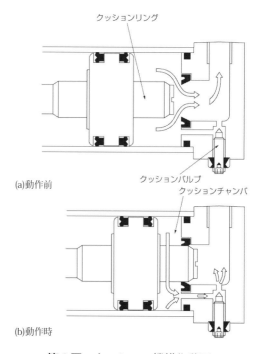

第2図　クッション機構作動図

動条件に応じたクッション機構を設ける必要がある。

第2図上図は、クッション機構がまだ作動していない状態である。従ってシリンダ内の排気側空気は⇒印の方向に流れている。シリンダが下図の位置に来ると、クッションリングが空気の通路を閉じ、クッションチャンバの空気は圧縮される。この時排出通路はクッションバルブ側のみとなり、その調整量に応じて、ピストン背圧がピストンのもつ運動エネルギーを空気の圧縮エネルギに変換する事により、ストロークエンドまでの動きを緩やかにする。

3. 空気圧シリンダの種類

一般的には、複動形片ロッドシリンダが多く使用されているが、用途に応じてその他次のような種類がある。

- 複動シリンダ
- 単動シリンダ
- ラム形シリンダ
- タンデム形シリンダ
- テレスコープ形シリンダ
- デュアルストロークシリンダ
- 可変ストロークシリンダ
- ベローズ形シリンダ
- ダイヤフラム形シリンダ
- ハイドロチェッカ付シリンダ
- バルブ付シリンダ
- ロッドレスシリンダ
- ブレーキ付シリンダ
- セフティロックシリンダ
  （ロック機構付シリンダ）
- ガイド付シリンダ

（1）複動シリンダ（第3図）

複動シリンダは、往復いずれの方向も空気圧によって運動するシリンダで、ピストンロッドが片側から出ているものを片ロッドシリンダ、両側から出ているものを両ロッドシリンダという。

片ロッドシリンダが一般的で多方面に使用さ

れている。また、両ロッドシリンダは往復とも同一受圧面積となるので、その出力を等しくしたり、ストローク途中で停止する必要がある場合に有効に利用される。

(a)複動形片ロッド

(b)複動形両ロッド

第3図

（2）単動シリンダ（第4図）

単動シリンダは、一方向だけ空気圧によって運動するシリンダで、戻りはスプリングまたは荷重を利用する。空気消費が片側で済み、方向制御弁を3ポート弁に節約できる利点があるが、スプリングの荷重によりストロークと共に出力が変化する。また、スプリング密着長分だけシ

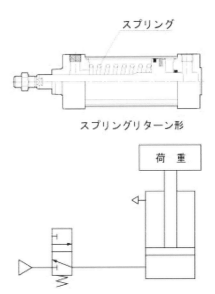

第4図　荷重による単動シリンダ

リンダの全長が長くなり、取付スペースを大きくとるので、ストロークの短い時に適する。

一般にこの構造は、排気絞りによる速度制御ができず、給気絞りによらなければならない為、速度調整が難しいのが欠点である。

（3）ラム形シリンダ（第5図）

ラム形シリンダは、受圧部分の外径がロッドの外径と同じ大きさのシリンダを言う。このシリンダはロッドが出る場合は、空気圧の作動によって外部への仕事を行い、もどりは何らかの外力か自重によって行われる。ラム形はピストンロッドが太くなるのでロッドの座屈や剛性を考えると利点があるが、速度制御は外力によるか給気絞りのため、不安定で速度は出しにくい欠点を有する。

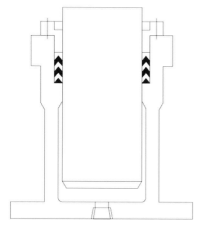

第5図

（4）タンデム形シリンダ（第6図）

タンデム形シリンダは、串形に連結された複数のピストンを有する。ピストンロッドにn個のピストンを固定し、それぞれ独立したピストン室で作動するシリンダである。同一直径でほぼ

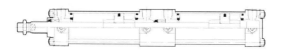

第6図

n倍の推力が得られる利点があり、直径方向にスペースがなく長手方向に余裕がある場合など、狭い空間に設置し使用するのに適する。

（5）テレスコープ形シリンダ（第7図）

テレスコープ形シリンダは、短い全長で長いストロークを与えることができる多段チューブ形のピストンロッドを有するシリンダをいう。構造上ストロークが進むにつれて、段々と推力が減少する。単動形と複動形があり、負荷の性質によって使い分けられる。

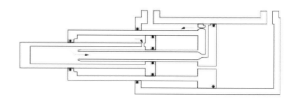

第7図

（6）デュアルストローク形シリンダ（第8図）

デュアルストローク形シリンダは、二つのストロークを有するシリンダであり、1台のシリンダで2通りのストローク動作が得られるものである。例えば産業用ロボットなどのアームおよびグリッパを一つのシリンダで受け持つことができる。すなわち一つ目のストロークでアームを伸ばしワークの近くまでグリップを移動させ、二つ目のストロークでカム機構等を用いてワークをグリップする場合などで利用する。

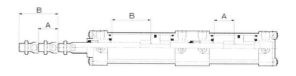

第8図

（7）可変ストロークシリンダ（第9図）

可変ストロークシリンダは、ストロークを制限する可変ストッパを有するシリンダである。

定期的にワークが変更されるような生産ラインにおいて、任意のストロークに調整する事により、サイクルタイムを減ずるばかりでなく、空気消費量も小さくすることができる利点を有する。

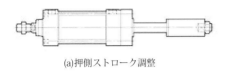

(a)押側ストローク調整

(b)引側ストローク調整

第9図

(8) ベローズ形シリンダ（第10図）

ベローズ形シリンダは、運動部分にベローズを用いたシリンダをいう。ピストンパッキンに比べて摩擦抵抗が著しく少なく、低い圧力で操作することも可能である。また、内部漏れも無い特徴があり、無給油で使用できる。油分を嫌う個所への利用が多い。しかし、シリンダのストロークをあまり大きくとることはできない。

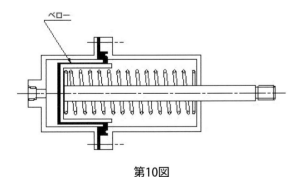

第10図

(9) ダイヤフラム形シリンダ（第11図）

ダイヤフラム形シリンダは、運動部分のシールに膜板を用いたシリンダをいい、ベローズ形とほとんど同様な性格を持つが、ベローズ形よりいっそうストロークが小さい。

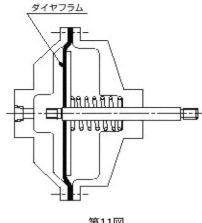

第11図

(10) ハイドロチェッカ付シリンダ（第12図）

空気圧シリンダの短所は、低速運動の速度調整が困難なことである。これをカバーするために流体の流れ抵抗を利用する方法があり、これを組み込んで一体にしたものをハイドロチェッカ付シリンダという。

ハイドロチェッカ付シリンダは、ドリルの送り装置などの工作機に利用すれば、飛び出しによって刃物を傷めることを防止でき低速運転が可能となる。

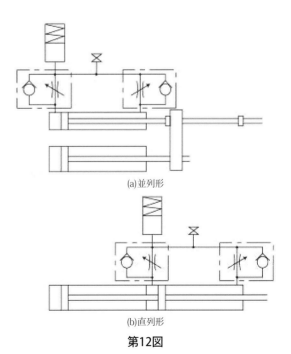

(a)並列形

(b)直列形

第12図

（11）バルブ付シリンダ（第13図）

　バルブ付シリンダは、空気圧シリンダに方向制御弁（バルブ）を組み合せたシリンダをいう。

　バルブを取付けるスペースが節約でき、配管の手間も省けて便利である。

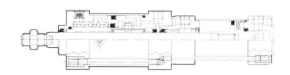

第15図

（14）セフティロックシリンダ
　　　（ロック機構付シリンダ）

　機械的にピストンロッドを固定する機構をシリンダに取り付けたシリンダをいう。

　固定方式には、ロッド端で固定するエンドロック方式と片方向の任意の位置で固定するフリーポジション方式があるが、ロックする目的は非常停止や停電時の落下防止である点がブレーキ付シリンダと異なる点である。

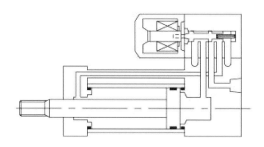

第13図

（12）ロッドレスシリンダ（第14図）

　力の伝達をピストンロッドを介して行わず、シリンダチューブ上を移動するスライダを用いることによりシリンダの取付全長を短縮化したシリンダである。内部のピストンとスライダの力伝達を磁力により行うマグネット形やチューブに設けられたスリットを介し機械的に伝達するスリット形がある。

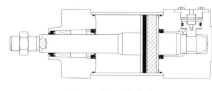

(a)エンドロック方式

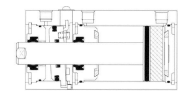

(b)フリーポジションロック方式

第16図

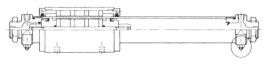

(a)マグネット形ロッドレスシリンダ

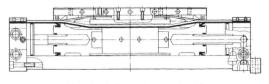

(b)スリット形ロッドレスシリンダ

第14図

（13）ブレーキ付シリンダ（第15図）

　機械的にピストンロッドなどの駆動部を固定するブレーキをシリンダに取り付け、停止精度の向上を図ったシリンダである。

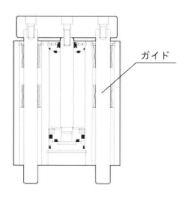

第17図

第1表　取り付け形式の種類

種　類	支持形式	名　称	簡　略　図
固　定　形 〔シリンダ本体を固定し、ロッドを介して動かすシリンダ〕	フート形	軸直角フート取付形式	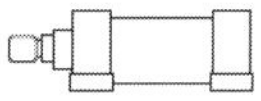
		軸方向フート取付形式	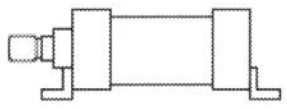
	フランジ形	ロッド側長方形フランジ取付形式	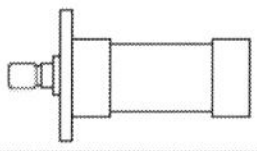
		キャップ側長方形フランジ取付形式	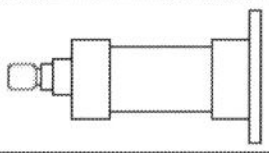
揺　動　形 〔ピボットで本体が支えられ、負荷の動きに追随して揺動するシリンダ〕	クレビス形	1山クレビス （キャップ分離アイ取付形式）	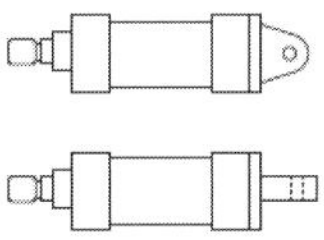
		2山クレビス （キャップ分離クレビス取付形式）	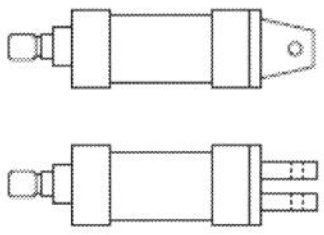
	トラニオン形	ロッドカバートラニオン	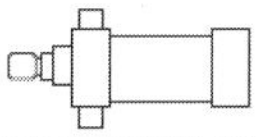
		中間トラニオン	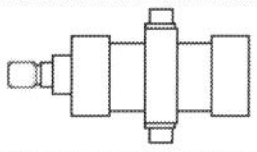
		ヘッドカバートラニオン	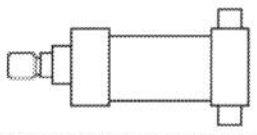

（15）ガイド付シリンダ

　通常シリンダのピストンロッドには、横荷重をかけないように使用するが、横荷重がある場合は、ピストンロッドに横荷重が加わらないように、ガイドを併用しなければならない。ガイドの設計組立工数削減のため、専用のガイドロッドを設けたり、リニアガイドを取り付けたタイプがある。

4．空気圧シリンダの取付形式

　空気圧シリンダの取付形式には、第1表のような種類があり、用途に合わせて使用することが必要である。

┌──【筆者紹介】──┐
宮本　秀樹
㈱TAIYO　空気圧機器部　技術部　技術3課
〒304-0005　茨城県下妻市半谷850
TEL：0296-44-4218
E-mail：hmiyamoto@parker.com

空気圧機器の作動と性能
その他の駆動機器

㈱TAIYO　谷口　恵亮

1．はじめに

『空気圧機器の作動と性能(駆動機器)』にてシリンダを紹介してきたが、本稿ではその他の駆動機器として、揺動形アクチュエータ、エアモータ、エアグリッパ、ショックアブソーバを紹介する。

2．揺動形アクチュエータ

揺動形アクチュエータは、空気圧エネルギーを回転運動に変換する機器である。

構造上、ベーン形とラックピニオン形に大きく分かれる。

2-1　ベーン形（内部構造簡略図）（第1図）

第1図のように可動ベーンの旋回運動によって空気圧を直接回転運動に変換する。

ベーンの枚数は、1、2枚が一般的である。ベーンの枚数が増すとそれに伴ってトルクも増すが、構造的に360°を超える運動は不可能であり、ベーン枚数が1枚の場合で270°くらいまでの間を揺動する。

次に紹介するラックピニオン形と比較して軽量で、コンパクトであることが特徴である。

2-2　ラックピニオン形（第2図）

ラックの両端に固定されているピストンが、往復運動することよって、ピニオンが回転し揺動運動を外部に伝達する。

ラックピニオン形は、ピストンストロークにより、360°以上の揺動も行うことができる。また、ピストン部の内部シール性が、ベーン形より良く、比較的低速度向きである。但し、構造的にコンパクトはしにくい。

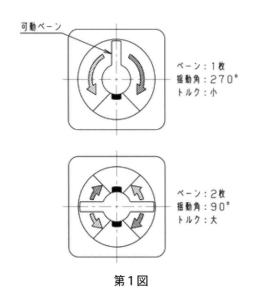

第1図

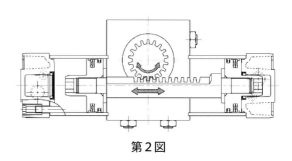

第2図

3．エアモータ

エアモータも、空気圧エネルギを回転運動に変換する機器である。但し、揺動形アクチュエータは、ある一定の角度で往復回転運動するの

に対して、エアモータは電気モータと同じ様に連続回転機能を持つものである。構造上、ラジアルピストン形とベーン形に大きく分かれる。

3-1 ラジアルピストン形
（内部構造簡略図）（第3図）

3～5個のシリンダを放射状に設け、クランク軸に連結されているロータリバルブによって、順次圧縮空気をシリンダに送り込み、それぞれのピストンを作動させて、クランク軸を回転させる方式である。

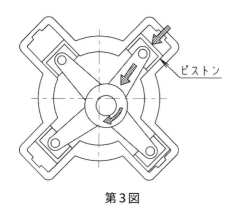

第3図

3-2 ベーン形（内部構造簡略図）（第4図）

4～8枚の合成樹脂ベーンがモータケーシング内に偏心させて取り付けてあるロータに挿入されている。

圧縮空気が送り込まれると隣り合った各ベーンの面積差により、回転力が与えられロータと一体の回転軸が回転する方式である。

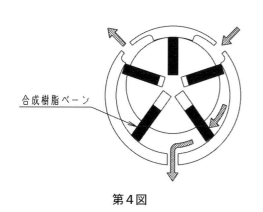

第4図

4．エアグリッパ

エアグリッパは、ロボットの手首部やシリンダの先端に取付けて、ワークをハンドリングするのに多く使用されている。エアグリッパはそのメカニズムや対象ワークにより、多くの種類とサイズがある。

＜フィンガの動き＞
- 平行開閉形
- 支点駆動形

＜駆動方法＞
- シリンダ
- 揺動形アクチュエータ

＜フィンガの数＞
- 2爪
- 3爪
- 4爪

＜フィンガの案内＞
- ころがり案内
- すべり案内

4-1 平行開閉形エアグリッパ（第5図）

比較的小さなワークの組立、搬送に用いられフィンガの平行移動の案内には、ころがり案内やすべり案内が用いられている。ボディにはアルミニウム合金などが用いられ、軽量化が図られているのが普通である。ピストンの前進、後退によりピストン先端に連結されたリンクを通し、フィンガの開閉を行う構造である。

ピストンにはマグネットを装着し、ボディ側面に設置したスイッチにより、把持確認が行え

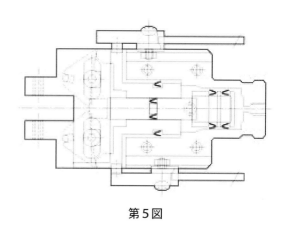

第5図

るものが多く使用されている。

4-2 幅広開閉形エアグリッパ (第6図)

ボディの長手方向にシリンダ2本を内蔵し、そのロッド先端にフィンガを取付けた構造である。左右のフィンガの周期は、フィンガにもう1本の案内軸を連結し、ボディ内でラックピニオン構造としている。ピストンの移動方向がそのままフィンガの開閉方向であり、ストロークが大きくとれる。ワークの搬送用途だけでなく、コンベア上を流れてくるワークの位置を幅寄せ修正する動作などにも使用され、応用範囲の広いタイプである。

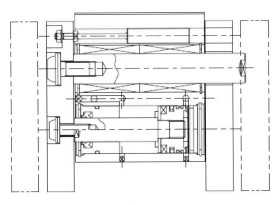

第6図

4-3 支点開閉形エアグリッパ (第7図)

支点開閉形エアグリッパは、フィンガがボディに固定されている軸を回転中心として開閉する構造である。

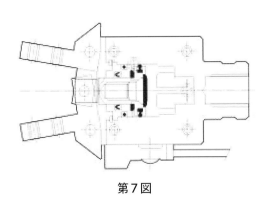

第7図

5. ショックアブソーバ

近年産業界において、ワークの搬送作業におけるラインの高速化、自動化が進められており、その際に問題になるのがワークの停止に伴う衝撃である。いくら高速化が進み生産性が高くなっても、停止時のショックで製品の不良率が高まったり、機械装置に損傷を早めたり、騒動・振動の原因になったのでは意味が無く、それらのスピードに対するショックを吸収する機器として開発されたのがショックアブソーバである。

5-1 ショックアブソーバの原理

ショックアブソーバの原理は、ショックアブソーバによりワークの運動方向と逆向きに抗力を作用させながらストロークすることによって仕事（力×距離）を行い、ワークの持つエネルギーを吸収して停止させるものである。

ある運動エネルギをもったワークがピストンロッドに衝突するとそのエネルギーは、ピストン背面の油に圧力として変換される。この圧力エネルギーは、圧油がオリフィスを通じて噴出するとき、熱エネルギに変換され最終的には大気へ開放される。

5-2 ショックアブソーバの種類

ショックアブソーバの種類は、内部の油の流路となるオリフィス配置の方式により分類される。

第1表　ショックアブソーバの種類

		ストロークによるオリフィス面積変化	
		あり	なし
		ストローク依存オリフィス	一定オリフィス
吸収エネルギの調整	調整式	多孔オリフィス テーパピン	単孔オリフィス
	固定式	多孔オリフィス 溝オリフィス テーパチューブ	単孔オリフィス 円環オリフィス
	負荷対応	多孔変則オリフィス	リリーフ内臓

5-3　オリフィス形状のエネルギ吸収特性

(1)単孔オリフィス（第8図）

　アウターチューブとインナーチューブの二重構造となっており、インナーチューブ内壁をピストンが摺動する。インナーチューブに設けられた単孔のオリフィスによって、エネルギ吸収を行う。特にこの構造は外部よりオリフィス穴を制御する調整機能付のものに用いられる。吸収特性はダッシュポット構造と同様、衝突始めの抗力が大きくなる。

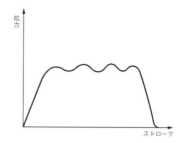

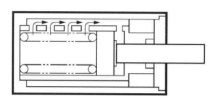

第9図

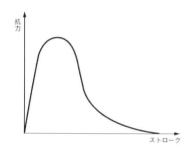

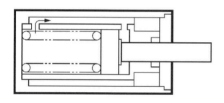

第8図

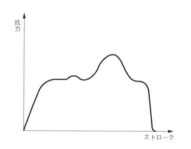

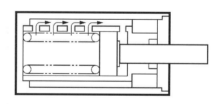

第10図

(2)多孔オリフィス（第9図）

　単孔と同様に二重構造となっており、インナーチューブ内壁をピストンが摺動する。このインナーチューブには複数のオリフィスがストローク方向に沿って設けられている。このために、始めはすべてのオリフィス穴が開放されているが、ピストンの移動とともに順次オリフィス穴は閉じ、吸収特性はさざ波状になるが最大抵抗値は低く、緩衝効率の良いエネルギ吸収を行うことができる。

（3）多孔変則オリフィス（第10図）

　構造的には多孔オリフィス構造と基本的に同じであるが、オリフィスの穴径及び位置を変え

ることにより、一定減衰力でなく、目的に応じたエネルギ吸収を行うことができる。例えばストローク始めの1個又は2個のオリフィス径を大きく、次を急に小さくすることにより、抵抗のピーク値をストローク途中に持っていくことができる。

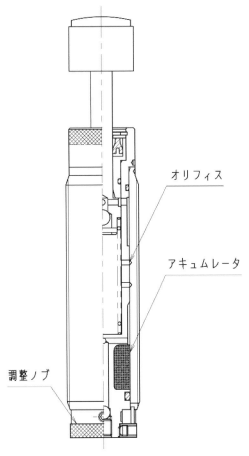

オリフィス

アキュムレータ

調整ノブ

第11図　ショックアブソーバ構造図

5-4　ショックアブソーバの構造

　ショックアブソーバには、オリフィスの面積を外部から調整可能とし、負荷に応じた設定ができる調整式と、オリフィス面積の調整ができない固定式がある。第11図は調整式ショックアブソーバ（多孔オリフィス）の一例である。

　アキュムレータは、ストロークにより内部に入り込むピストンロッドの体積を補償するためにあり、弾性材で構成されている。

6．おわりに

　アクチュエータには、使用用途によって様々なバリエーションがあることを紹介したが、アクチュエータには使用環境によっても、耐熱、耐寒、耐粉塵、防錆、食品向など様々なバリエーションがある。

　本稿を最適な機器選定の足掛かりとして使用してもらえれば幸いである。

【筆者紹介】

谷口　恵亮
㈱TAIYO　空気圧機器本部　技術部　技術1課
〒304-0005　茨城県下妻市半谷850
TEL：0296-44-4183
E-mail：ktaniguchi@parker.com

空気圧機器の周辺機器における基本的な構造と性能

㈱日本ピスコ　田中　良成

1．はじめに

　空気圧機器において、継手やチューブ、消音器、圧力計（センサ）は周辺機器と呼ばれているが、継手やチューブ、圧力計は人間に例えると、血管や感覚器にあたる。血管は心臓（コンプレッサ）と筋肉（アクチュエータ）を繋ぎ、筋肉に血液（エネルギ）を運んでいる。また、感覚器（センサ）は身体の変化を感じる重要な役割を担っており、共に生命活動（空気圧システム）には欠かせない存在である。真空機器（真空エジェクタ、パッド）においても、製造現場における搬送技術においては無くてはならないものとなっている。ここではそれら周辺機器の作動と性能について当社の製品を例にとって紹介する。

2．配管

　空気圧機器を使用する空気圧システムの中でそれぞれの機器を接続し、エネルギー（圧縮空気）の運搬を担当するのが配管である。配管は大きく分けると金属管と非金属管があり、用途によって使い分けられる。第1表に主な配管材料を示す。

2-1　金属管

　金属管は耐圧力、耐熱性に優れている為、工場配管や大型装置の配管に使用される。また、非金属管のような柔軟性がない為、エルボ、ティー、ユニオン等のいろいろな形状をした継手を使用して配管の方向を変えたり、分岐させる必要がある。第2表に配管用炭素鋼管（SGP）の呼びと外径、肉厚を示す。

第1表　主な配管材料

区分	名称
金属管	配管用炭素鋼管
	配管用ステンレス鋼管
	銅継目無管アルミニ
	アルミニウム継目無管
非金属管	ポリアミドチューブ
	ポリウレタンチューブ
	ポリエチレンチューブ
	ビニルチューブ
	フッ素チューブ
	空気用ゴムホース

第2表　配管用鋼管の呼びと寸法　　　（mm）

呼び		外径	肉厚
A	B		
6	1/8	10.5	2.0
8	1/4	13.8	2.3
10	3/8	17.3	2.3
15	1/2	21.7	2.8
20	3/4	27.2	2.8
25	1	34.0	3.2
32	1_1/4	42.7	3.5
40	1_1/2	48.6	3.5
50	2	60.5	3.8
65	2_1/2	76.3	4.2
80	3	89.1	4.2

2-2　非金属管

　非金属管は柔軟性に優れており、自由に曲げて配管することができる為、工場配管の取り出

し口と空気圧機器や、空気圧機器同士を接続する場合に使用される。

写真1　チューブ

　金属管と異なり強度は劣る為、定格圧力（最高使用圧力）が定められており、また、温度により強度が変化する為、最高使用温度以下で使用しなければならない。配管時に曲げて使用する際には、それぞれのチューブに設定されている最小曲げ半径以下に曲げると流路を塞いでしまうため注意が必要である。材質は主にポリアミドやポリウレタンが多く使用され、配管が色で識別できるように色々な色がラインナップされており、透明色においては、液体などの流体を確認することができる。

　ポリアミド及びポリウレタンチューブの最高使用圧力を第3表に、温度毎の破壊圧力を第4表に示す。

　ポリアミドチューブやポリウレタンチューブ以外にも様々な用途や環境に対応する為に色々な材質のチューブがあるが、どの材質を用いるかはその配管に要求される耐圧性、耐薬品性、柔軟性、使用環境を考慮する中で選定する。

第3表　ポリアミド及びポリウレタンチューブの最高使用圧力

チューブの種類	最高使用圧力（MPa）
ポリアミドチューブ1種AH	1.0
ポリアミドチューブ2種AL	0.5
ポリウレタンチューブU	0.4

第4表　ポリアミド及びポリウレタンチューブの破壊圧力（JIS B 8381）

チューブの種類	温度毎の破壊圧力（MPa）					
	0℃	10℃	20℃	30℃	40℃	50℃
ポリアミドチューブ1種AH	8.4	7.2	6.0	4.8	4.0	3.6
ポリアミドチューブ2種AL	5.0	4.0	3.2	2.7	2.3	2.0
ポリウレタンチューブU	4.3	3.7	3.1	2.4	2.1	1.6

3. 継手

　空気圧用管継手は使用する管によって大きく2つに分類される。一つは金属管に使用されるねじ込み式可鍛鋳鉄継手やフレア継手などがある。もう一つはポリアミドやポリウレタンなどの非金属管に使用されるプッシュイン継手、締込み形継手、バーブ継手、カップリング等がある。

3-1　金属管用継手

（1）ねじ込み式可鍛鋳鉄継手

　この鋼管の配管は、管の両端に雄ねじを加工し、継手に直接ねじ込んで接続する。エルボ、ティー、ユニオン等のいろいろな形状をした継手を使用して配管を行う。第5表に流体と最高使用圧力の関係を示す。

（2）フレア継手

　ステンス管や銅管に用いる継手である。接続する際に、管の先端をラッパの先端のように円錐状（フレア状）にすることからフレア継手と呼ばれている。この円錐状の部分を袋ナットで

第5表　流体と最高使用圧力との関係（JIS B 2301）

流体	最高使用圧力（MPa）		
	材料区分		
	引張強さが300N/mm²以上で伸びが6%以上の黒心可鍛鋳鉄、又は、引張強さが350N/mm²以上でかつ伸びが4%以上の白心可鍛鋳鉄	JIS G 5705のFCMB27-05又はFCMW34-04	JIS G 5501のFC200又は、これと同等以上のねずみ鋳鉄
120℃以下の静流水	2.5	2.5	2
300℃以下の蒸気、空気、ガス及び油	2	1	1

締め込むことで固定し、同時にシールもしている。上記以外にも溶接式管継手、ベローズ形伸縮管継手、食い込み式管継手などがある。

3-2 非金属管用継手

（1）プッシュイン継手

現在空気圧システムにおいて最も多く使用されている継手である。ワンタッチ継手とも呼ばれ、工具を使用することもなく、チューブを差し込むだけでシールとチューブの固定が可能である。

写真2 プッシュイン継手

チューブを離脱させるには、開放リング等の開放機構部の操作により容易にチューブを抜くことができる。構造は、チューブを保持する保持機構部、チューブを取り外す為の開放機構部、チューブと継手とをシールするシール機構部からなる（第1図）。

プッシュイン継手の保持機構部と開放機構部

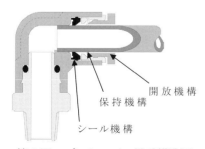

第1図 プッシュイン継手構造図

の構造は、各メーカーにより様々である。弊社のプッシュイン継手を例にとると、保持機構部はロック爪と呼ばれる爪の先端がチューブの表面に食い付くことによってチューブが継手より抜けないように保持している。また、開放機構部は開放リングを押すことによりロック爪がチューブより開放され、チューブを容易に抜くことができるといった仕組みである。J形プッシュイン継手の最高使用圧力（定格圧力）と引張力（チューブ保持力）について第6表、第7表に示す。

第6表 J形プッシュイン継手の定格圧力

適用チューブ	最高使用圧力 （定格圧力）MPa
ポリアミドチューブ1種AH	1.0
ポリアミドチューブ2種AL	0.5
ポリウレタンチューブU	0.4

第7表 J形プッシュイン継手の最小引張力（N）

チューブ外径の呼びmm	4	6	8	10	12
ポリアミドチューブ1種AH	70	130	180	250	300
ポリアミドチューブ2種AL	60	100	140	190	220
ポリウレタンチューブU	50	80	110	150	180

（2）締込み形継手

継手にチューブを挿入したあと、ユニオンナットで締め付けることによってチューブの保持とシールを同時に行う継手である（第2図）。

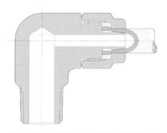

第2図 締込み形継手構造図

（3）バーブ継手

竹の子状になったインサート部をチューブの内径に差し込むことによってチューブを保持、シールする継手である。チューブの抜け防止の

為にチューブの外側に固定用のスリーブを装着する（第3図）。

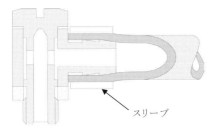

第3図　バーブ継手構造図

非金属管用継手では、チューブの脱着が容易であるプッシュイン継手が多く使用されているが、流体が液体や薬品、混合ガス等で漏れに対して厳しい要求がある場合には、プッシュイン継手と比べてチューブの脱着性は劣るもののシール性とチューブ保持力がより高い締込み形継手が使用される。また、軟質チューブを使用した真空配管や使用圧力が低い場合には、バーブ継手が使用される。

4. 消音器

消音器は、バルブ等の排気ポートに接続して

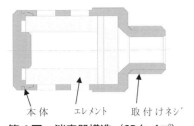

第4図　消音器構造（SRタイプ）

排気音を低減させる効果がある。一般的に多孔質のエレメントにより吸音する構造のものが多く使用されている。弊社製品での消音効果を第8表に示す。排気する流量に対して消音器が小さいと背圧が高くなり、エアシリンダ等の空気圧機器の作動不良に繋がる為、使用する空気圧機器に合わせたサイズを選定する必要がある。

第8表　消音効果（SRタイプ）

形式	接続ネジ	消音効果（dB）	有効断面積（mm²）
SR01	G1/8B	25	12
SR02	G1/4B	30	18
SR03	G3/8B	20	62
SR04	G1/2B	25	78

5. 圧力計

正圧や負圧を測定する機器で、ブルドン管式圧力計等の機械式とデジタル圧力計等の電子式に大別される。

5-1　ブルドン管式圧力計

ブルドン管と呼ばれる断面が楕円形で先端を塞いで曲げた管の固定端に圧力を加えると、圧力に応じて管の曲りが伸びる為、自由端が変位する。その変形量を自由端とリンクさせた指針を回転させることにより圧力表示させる構造となっている。圧力レンジの両端は誤差が大きい為、両端を除いた範囲での圧力の許容誤差により精度等級が定められている（第9表参照）。

写真3　消音機

写真4　圧力計

第9表　ブルドン管式圧力計等級

精度等級	最大許容誤差%		記号
	目盛範囲A	目盛範囲B	
0.6級	±0.6	±0.9	0.6又はCL0.6
1.0級	±1.0	±1.5	1.0又はCL1.0
1.6級	±1.6	±2.4	1.6又はCL1.6
2.5級	±2.5	±3.8	2.5又はCL2.5
4.0級	±4.0	±6.0	4.0又はCL4.0

目盛範囲A：圧力スパンの両端各10％及び連成計のゼロ点の上下
　　　　　各5％を除いた範囲。
目盛範囲B：圧力スパンの両端各10％及び連成計のゼロ点の上下
　　　　　各5％の範囲。

5-2　デジタル圧力計

　デジタル圧力計は、半導体等の圧力センサを用いて、圧力によるダイヤフラムの変形量を電気信号に変えてデジタル表示させるものである。機械式のように内部機構の摩耗が無い為、機械式よりくるいが少なく、急激な圧力変動にも対応できる。

写真5　デジタル圧力計

6. 圧力スイッチ

　圧力スイッチは、設定した圧力より高く、あるいは低くなった時にスイッチが作動し、電気信号を出力する検出機器である。機械式、電子式に大別される。

　機械式は、ブルドン管等の変位をマイクロスイッチで検出してオン、オフの電気信号を出力するものである。一方電子式には、圧力センサからの電気信号を利用して、設定圧力になったときに接点がオン若しくはオフするスイッチ出力や、圧力に比例した電圧若しくは電流を出力させるアナログ出力などがある。スイッチの方式が、機械式は有接点に対して電子式は無接点である為、寿命が長く信頼性も高い。

7. 真空機器

　ノズルとディフーザと呼ばれる基本パーツで構成されるエジェクタ式の真空発生装置は、圧縮空気を供給するだけで容易に真空を作り出す事ができる。ゴム製の吸盤（バキュームパッド）とこの真空発生器を組合せて、部品の吸着搬送装置を簡単に作ることができる。

7-1　真空エジェクタ

　真空エジェクタは真空ポンプのようにモータでポンプを回転させる様な機械的運動によらずに、圧縮空気から直接真空を作ることができる装置である。ノズルからディフーザの入口に向かって噴射された高速の空気は、空気の粘性を

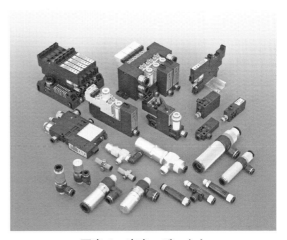

写真6　真空エジェクタ

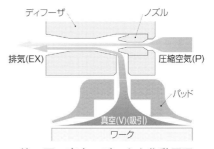

第5図　真空エジェクタ作動原理

利用してその周辺の空気を引き込む為負圧が生じる。また、供給された圧縮空気と真空ポートから吸い込まれた空気はディフューザを共に通過し、排気ポートから排出される（第5図参照）。

　真空発生器の性能は、ノズルとディフューザの寸法、形状、配置により決まる。当社では、高真空度形（Hタイプ）、大流量形（Lタイプ）、低供給圧力高真空度形（Eタイプ）をラインナップしており、使用条件に合わせて選択する。真空発生器の基本仕様である到達真空度、吸込み流量、消費流量の一例を第6図に示す。

写真7　真空パッド

されるモノ作りに取り組んで行く所存である。

　最後に、本稿は当社の製品を例に説明したものであり、各メーカーによって内容が異なる場合がある。また、今回紹介した製品以外にも多種多様な製品が当社を含め各メーカーより出されている。詳細については各メーカーカタログ等を確認して頂きたい。

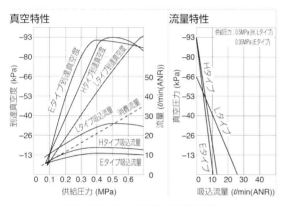

第6図　真空特性と流量特性

7-2　真空パッド

　真空発生器とセットで使用し、パッド部をワークに吸着させ搬送を行うアクチュエータの一つである。パッドの形状は円形や長円、じゃばら形、深形等様々な形状があり、吸着させるワークの形状に合わせて選定する。材質もゴム、スポンジ、樹脂等があり、使用条件、雰囲気等により問題のない材質を選定する。

8.　おわりに

　空気圧システムに使用される継手やチューブ、真空機器は、刻々と変化し、そして多様化するニーズに対応する為に様々な種類のものがラインナップされている。当社は、常にユーザーの要望に耳を傾け、いち早く市場の動向を察知し、ユーザーに必ず満足して頂ける様、今後も信頼

【筆者紹介】

田中　良成
㈱日本ピスコ　営業技術課
〒399-4586　長野県上伊那郡南箕輪村3884-1
TEL：0265-76-2511　FAX：0265-76-2851
E-mail：y-tanaka@pisco.co.jp

空気圧回路の基本

空気圧回路の作図のための図記号及び基本回路

SMC㈱ 楊 春明

1. はじめに

空気圧回路を作図するためには、わかりやすく表現するため、決められたルールに基づき、回路を作図する必要がある。本稿では、空気圧回路を作図するために必要な知識として、JIS規格に基づいた図記号及び回路図について解説を行い、空気圧回路で使用する基本回路を紹介する。

2. 規格

空気圧回路の図記号及び回路図の規格は、JIS B 0125-1:2020「油圧・空気圧システム及び機器—図記号及び回路図—第1部：図記号」（ISO 1219-1:2012準拠）及び、回路図は、JIS B 0125-2:2018「油圧・空気圧システム及び機器—図記号及び回路図—第2部：回路図」（ISO 1219-2:2012準拠）に規定される[1][2]。前回の改定からCADによる作図を考慮し、附属書AにCAD記号作成規定を記載している。

3. 図記号の一般規則

図記号を作成するための一般的な規則を下記に列挙する。第1図に基本図記号の組み合わせ例を示す。

① 図記号は、制御要素、操作機構及び外部接続要素などの基本図記号とその組み合わせの規則により作成する。

② 図記号は、機器及び装置の特定の機能を表し、機器の実際の構造を表すものではない。

③ 図記号は、その機器の非通電状態（又は休止状態）を表す。明確に定義された非通電状態のない図記号は、規則に従い作成する。

④ 図記号は、すべての接続口を示す。

⑤ 基本図記号は、図記号作成にあたって、左右反転、回転させてもよい。

⑥ 図記号は、左右反転または90°回転させても意味は変わらない。

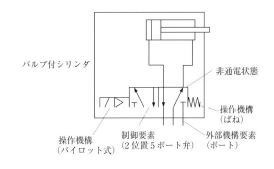

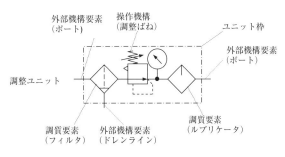

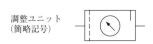

第1図　図記号の組み合せ例

⑦二つ以上の機能を持つ機器の場合（複合機器）、図記号全体を実線で囲む、二つ以上の機器が一体に組立てられている場合（ユニット）、図記号全体を一点鎖線で囲む。

4．回路図の一般規則

回路図を作成するための一般的な規則を下記に列挙する。第2図に回路図の配置ルールを示す。

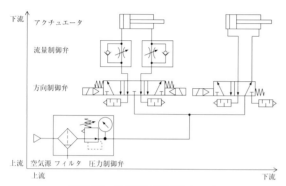

第2図　回路図の配置ルール

①回路図は、明瞭に書かなくてはならない。
②回路図は、運転サイクルの種々の作動順序に対して、回路をたどることができなければならない。
③回路図は、すべての機器を書かなければならない。また、それらの接続口も示さなければならない。
④機器間の配管または接続部の交差箇所は、最少にするように書くことが望ましい。
⑤同じ機器に詳細記号と簡略記号がある場合、同じ回路図上では、どちらか一方のみを用いなければならない。

⑥回路図は、機器の取付けの実際の配置を考慮する必要はない。ただし、アクチュエータで作動するリミットバルブやリミットスイッチは、それらが機能する場所に表示することが望ましい。
⑦図記号は、特別な指定がない限り、休止状態または、機能的な中立状態の位置を表す。
⑧回路図は、左側上流・右側下流及び下部上流・上部下流の順で機器を配置する。
⑨回路図には、機器の脇に識別コードを記載しなければならない[3]。

5．基本図記号

代表的な基本図記号を第1表から第4表に示す。線の太さ（0.2mm）に規定があるが、本稿では、線の太さは規定と一致していない。

6．図記号

各機器の図記号を第5表から第12表に示す。
第7表の方向制御弁のポート及び制御機構の識別は、JIS B 8380:2002に規定するコードを使用する。

7．基本回路

空気圧回路で使用頻度の高い回路を第13表から第23表に示す。
メータアウト制御回路、メータイン制御回路、メータインアウト制御回路を第13表から第15表に示す。速度の安定性のよいメータアウト制御回路が一般に使用されている。
中間停止回路を第16表から第19表に示す。緊

第1表　線の種類と用途

名称	図記号	説明
実線	————————————————	供給流路、戻り流路、機器囲い、図記号囲い
破線	－ － － － － － － － － － － - - - - - - - - - - - - - - - -	上：内部・外部パイロット流路 下：ドレン流路、フラッシング流路、ブリード流路
一点鎖線	—・—・—・—・—・—・—・—・—	複数の要素の囲み

第2表　操作機構

名称	図記号	説明
人力操作		左：手動一般 右：押し/プッシュ 左：引き/プル 右：ひねり 左：レバー 右：ペダル 左：緊急操作 右：デテント
機械操作		左：プランジャ 右：ローラプランジャ 左：片ぎきローラプランジャ
電気操作		左：直動式 右：パイロット式 左：エアリターン 右：スプリングリターン
パイロット操作		左：直接パイロット 右：外部パイロット

第3表　空気圧源・大気排出

名称	図記号	説明
空気圧源 大気排出		左：入口又は、空気圧（動力）源 右：出口、大気への排出又は、真空源

第4表　接続

名称	図記号	説明
流路接続		左：流路接続 右：記号内部接続
流路交差		接続していない2配管の重なり 右：誤認を防ぐため、使用してもよい
たわみ管		
閉止、プラグ	T　　　×	左：閉流路/閉ポート 右：機器内部・出口、管路端に栓をする場合

第5表　空気清浄化機器

名称	図記号	説明
アフタークーラ		アフタークーラ 一般 左：水冷 右：空冷
エアドライヤ		圧縮空気の除湿
空気圧フィルタ		左：フィルタ 右：手動ドレン排出器付フィルタ 左：自動ドレン排出器付コアレッシングフィルタ 右：自動ドレン排出器付マイクロミストセパレータ
ルブリケータ		給油機器用に圧縮空気へ潤滑油を噴霧
レシーバ サージタンク		蓄圧、脈動緩和

第6表　圧力制御弁

名称	図記号	説明
減圧弁		左：リリーフ付減圧弁 • 設定圧以上になるとリリーフポートより排出する 右：逆流機能付減圧弁 • 入口側へ逆流可能 パイロット式減圧弁
フィルタ付減圧弁		リリーフ付減圧弁と手動ドレン排出器付フィルタの組み合わせ
空気圧調整 ユニット		空気圧調整ユニット FRLユニット （フィルタ＋減圧弁＋ルブリケータ） 簡略記号

（つづく）

第6表　圧力制御弁
（つづき）

リリーフ弁		設定圧以上になった回路の圧力を排気する
増圧器		ライン圧以上の圧力が必要な場合に高圧の圧縮空気を発生させる

第7表　方向制御弁

名称	図記号	説明
方向制御弁		2ポート電磁切換弁 • ノーマルクローズ（NC） • 2位置 • 電磁操作スプリングリターン
		3ポート電磁パイロット切換弁 • 2位置 • スプリングリターン • 内部パイロット
		3ポート電磁切換弁 • 2位置 • 電磁操作スプリングリターン • 両方向流れ
		5ポート電磁パイロット切換弁 • 2位置 • 内部パイロット • スプリングリターン
		5ポート電磁パイロット切換弁 • 2位置 • 内部パイロット • ダブルソレノイド
		5ポート電磁パイロット切換弁 • 3位置 • クローズドセンタ • スプリングセンタ • 内部パイロット
		5ポート電磁パイロット切換弁 • 3位置 • プレッシャセンタ • スプリングセンタ • 内部パイロット
		5ポート電磁パイロット切換弁 • 3位置 • エキゾーストセンタ • スプリングセンタ • 内部パイロット
		5ポート電磁切換弁 • 3位置 • エキゾーストセンタ（加圧タイプ） • スプリングセンタ
		パワーバルブ • 3ポート電磁切換弁 • 3位置

第7表　方向制御弁　　　　　　　　　　　　　　　　　　　　　　　　　　（つづき）

方向制御弁	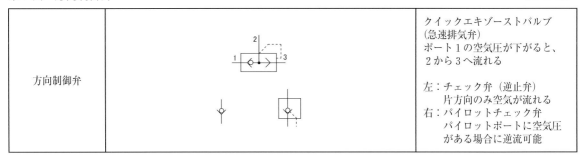	クイックエキゾーストバルブ (急速排気弁) ポート1の空気圧が下がると、 2から3へ流れる 左：チェック弁（逆止弁） 　　片方向のみ空気が流れる 右：パイロットチェック弁 　　パイロットポートに空気圧 　　がある場合に逆流可能

第8表　流量制御弁

説明名称	図記号	説明
流量制御弁		可変絞り弁 速度制御弁 (スピードコントローラ) 空気の流れ方向により自由流れ、制御流れがある。 サイレンサ付き排気絞り弁

第9表　アクチュエータ

名称	図記号	説明
シリンダ		左：複動片ロッドシリンダ 右：複動片ロッドシリンダ • 両側クッション 複動両ロッドシリンダ • ラバークッション 複動両ロッドシリンダ • 両側エアクッション 左：単動押出形シリンダ • スプリングリターン • 磁石内蔵 右：単動引込形シリンダ • スプリングリターン • 磁石内蔵 ロッドレスシリンダ 左：メカニカル式 右：マグネット式 複動片ロッドシリンダ • 磁石内蔵 • 近接スイッチ付 エンドロック付シリンダ ブレーキ付シリンダ

（つづく）

第9表　アクチュエータ　　　　　　　　　　　　　　　　　　　（つづき）

グリッパ		左：複動形グリッパ • 外側把持 右：単動形グリッパ • 常時開 • 外側把持 右：単動形グリッパ • 常時閉 • 内側把持 左：複動形グリッパ • 外側把持 • 磁石内蔵 • 近接スイッチ付
揺動形 アクチュエータ		左：揺動形アクチュエータ 右：揺動形アクチュエータ • 磁石内蔵 • 近接スイッチ付 揺動形アクチュエータ • ストッパ付
エアモータ		エアモータ 左：一方向回転 右：両方向回転

第10表　表示器・スイッチ

名称	図記号	説明
表示器		左：圧力計 右：差圧計
スイッチ		左：圧力スイッチ（電子式） 右：流量スイッチ（電子式） 磁気近接スイッチ

第11表　真空機器

名称	図記号	説明
真空機器		真空エジェクタ 空気圧より真空圧を発生させる 多段エジェクタ（3段） 左：真空パッド 　　ワークの吸着に使用 右：真空パッド • スプリング付 • チェック弁付

第12表　アクセサリ

名称	図記号	説明
サイレンサ		左：サイレンサ（消音器） 右：排気用オイルミストセパレータ

第13表　メータアウト制御回路

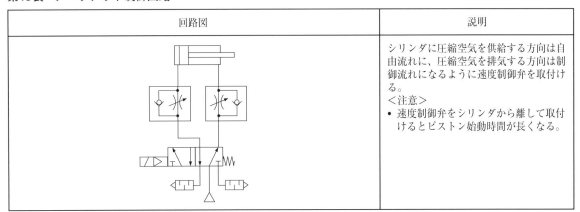

回路図	説明
	シリンダに圧縮空気を供給する方向は自由流れに、圧縮空気を排気する方向は制御流れになるように速度制御弁を取付ける。 <注意> • 速度制御弁をシリンダから離して取付けるとピストン始動時間が長くなる。

第14表　メータイン制御回路

回路図	説明
	シリンダに圧縮空気を供給する方向は制御流れに、圧縮空気を排気する方向は自由流れになるように速度制御弁を取付ける。 飛び出しを防止する。 <注意> • 低速時にスムーズに駆動しないことがある。 • ストローク端でのシリンダ出力発生時間が長い。

第15表　メータインアウト制御回路

回路図	説明
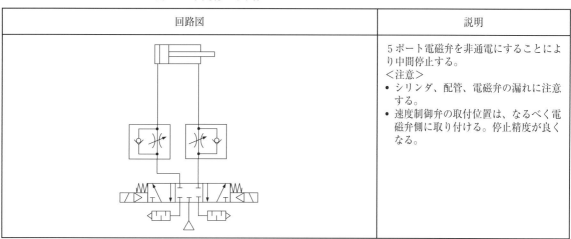	単動押出シリンダの押出方向および引込方向の速度を制御する場合、メータインアウト制御となる。 <注意> ・速度制御弁の取付け順序は必ず電磁弁からシリンダに圧縮空気が流れる場合、自由流れ、制御流れの順になるように取付ける。逆に取付けるとチャタリングを起こすことがある。 ・速度制御弁2個を直列に一体化したメータインアウト速度制御弁もある。

第16表　クローズドセンタを用いた中間停止回路

回路図	説明
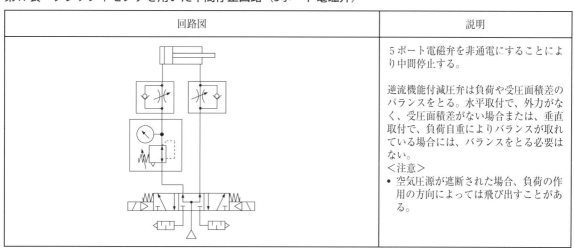	5ポート電磁弁を非通電にすることにより中間停止する。 <注意> ・シリンダ、配管、電磁弁の漏れに注意する。 ・速度制御弁の取付位置は、なるべく電磁弁側に取り付ける。停止精度が良くなる。

第17表　プレッシャセンタを用いた中間停止回路（5ポート電磁弁）

回路図	説明
	5ポート電磁弁を非通電にすることにより中間停止する。 逆流機能付減圧弁は負荷や受圧面積差のバランスをとる。水平取付で、外力がなく、受圧面積差がない場合または、垂直取付で、負荷自重によりバランスが取れている場合には、バランスをとる必要はない。 <注意> ・空気圧源が遮断された場合、負荷の作用の方向によっては飛び出すことがある。

第18表　ブレーキ付シリンダを用いた中間停止回路

回路図	説明
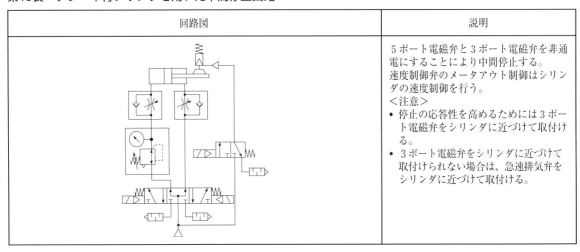	5ポート電磁弁と3ポート電磁弁を非通電にすることにより中間停止する。 速度制御弁のメータアウト制御はシリンダの速度制御を行う。 ＜注意＞ • 停止の応答性を高めるためには3ポート電磁弁をシリンダに近づけて取付ける。 • 3ポート電磁弁をシリンダに近づけて取付けられない場合は、急速排気弁をシリンダに近づけて取付ける。

第19表　エキゾーストセンタ＋パイロットチェック弁を用いた中間停止回路

回路図	説明
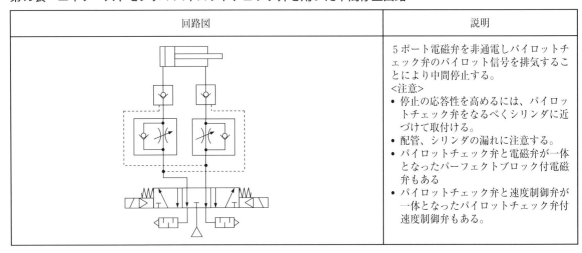	5ポート電磁弁を非通電しパイロットチェック弁のパイロット信号を排気することにより中間停止する。 ＜注意＞ • 停止の応答性を高めるには、パイロットチェック弁をなるべくシリンダに近づけて取付ける。 • 配管、シリンダの漏れに注意する。 • パイロットチェック弁と電磁弁が一体となったパーフェクトブロック付電磁弁もある。 • パイロットチェック弁と速度制御弁が一体となったパイロットチェック弁付速度制御弁もある。

第20表　逆流機能付減圧弁を用いた二圧駆動回路

回路図	説明
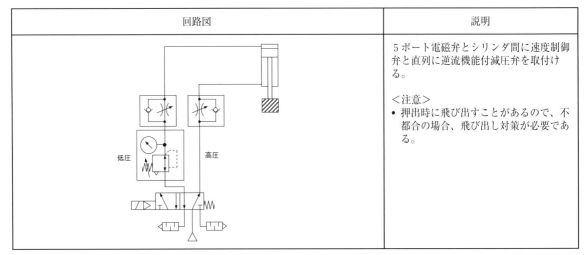	5ポート電磁弁とシリンダ間に速度制御弁と直列に逆流機能付減圧弁を取付ける。 ＜注意＞ • 押出時に飛び出すことがあるので、不都合の場合、飛び出し対策が必要である。

第21表　減圧弁＋3ポート電磁弁（両方向流れ）を用いた二圧制御回路

回路図	説明
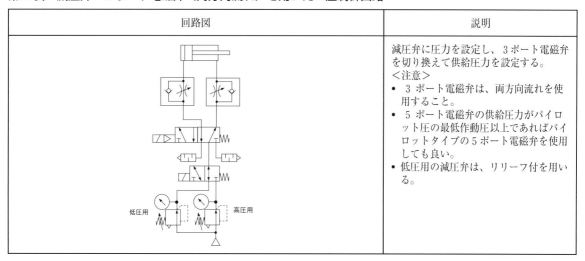	減圧弁に圧力を設定し、3ポート電磁弁を切り換えて供給圧力を設定する。 <注意> ・ 3ポート電磁弁は、両方向流れを使用すること。 ・ 5ポート電磁弁の供給圧力がパイロット圧の最低作動圧以上であればパイロットタイプの5ポート電磁弁を使用しても良い。 ・ 低圧用の減圧弁は、リリーフ付を用いる。

第22表　3ポート電磁弁を用いた二速制御回路

回路図	説明
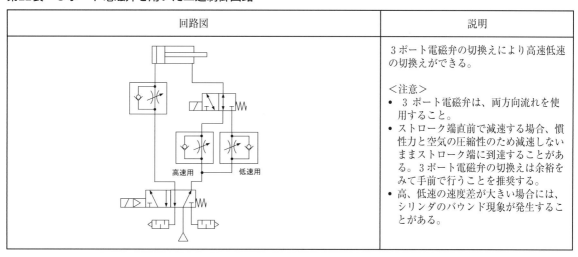	3ポート電磁弁の切換えにより高速低速の切換えができる。 <注意> ・ 3ポート電磁弁は、両方向流れを使用すること。 ・ ストローク端直前で減速する場合、慣性力と空気の圧縮性のため減速しないままストローク端に到達することがある。3ポート電磁弁の切換えは余裕をみて手前で行うことを推奨する。 ・ 高、低速の速度差が大きい場合には、シリンダのバウンド現象が発生することがある。

第23表　真空エジェクタを用いたワーク吸着回路

回路図	説明
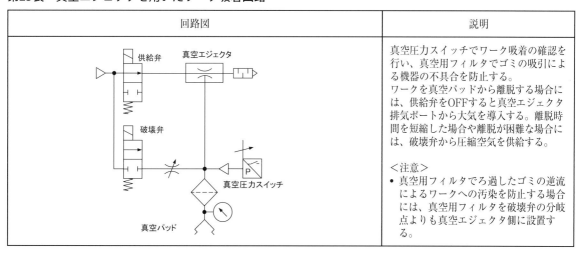	真空圧力スイッチでワーク吸着の確認を行い、真空用フィルタでゴミの吸引による機器の不具合を防止する。 ワークを真空パッドから離脱する場合には、供給弁をOFFすると真空エジェクタ排気ポートから大気を導入する。離脱時間を短縮した場合や離脱が困難な場合には、破壊弁から圧縮空気を供給する。 <注意> ・ 真空用フィルタでろ過したゴミの逆流によるワークへの汚染を防止する場合には、真空用フィルタを破壊弁の分岐点よりも真空エジェクタ側に設置する。

急時にシリンダの作動を停止させるためやストローク途中で任意の位置に停止させるために使用される。それぞれの回路には、特徴があるので、用途により使い分ける必要がある。

　空気圧の封入や供給による中間停止は、一時的に停止する手段であり、漏れにより長時間位置を保持できない場合がある。また、空気圧源の遮断により落下する可能性がある。これらの危険性を考慮し、長時間位置を保持するには、機械的に停止させる対策を行う必要がある。

　二圧駆動回路を第20表及び第21表に示す。シリンダのどちらかの室に供給する圧力を低圧に設定する回路である。無負荷での復帰ストローク時やリフタ回路の下降時の空気消費量を削減できる。

　第21表はストローク途中で供給圧力を切り換えることによりシリンダ出力を切り換える。圧力、プレス等の用途に主に使用される。

　二速制御回路を第22表に示す。ストローク途中で流量調整を行う絞りを切り換えることによりピストン速度を切り換える。負荷接触時及びシリンダ終端での衝撃緩和、タクトタイム短縮等で使用される。

　真空エジェクタを用いたワーク吸着回路を第23表に示す。圧縮空気により真空エジェクタで発生した真空圧により真空パッドでワークを吸着する。

8. おわりに

　本稿では、使用頻度の多い図記号や基本回路を紹介した。実際の機器に対応する図記号は、空気圧機器メーカーのカタログに記載されているものを参照することを推奨する。回路は、用途により様々なパターンの回路があり、設計の際には、特徴を理解した上で、安全対策を考慮に入れた設計が必要である。

＜参考文献＞
(1)JIS B 0125-1:2020：油圧・空気圧システム及び機器—図記号及び回路図—第1部：図記号
(2)JIS B 0125-2:2018：油圧・空気圧システム及び機器—図記号及び回路図—第2部：回路図
(3)JIS B 8380:2002：空気圧用制御弁及び他機器のポート及び制御機構の識別

【筆者紹介】
楊　春明
SMC㈱　技術研究部
〒300-2493　茨城県つくばみらい市絹の台4-2-2
TEL：0297-52-6651　FAX：0297-20-5008
E-mail：yangchunming@smcjpn.co.jp

空気圧技術の主な計算式

SMC㈱　妹尾　満

1. はじめに

　空気圧技術は、信頼性、利便性及び低コスト
などの特徴のため、産業の各分野に広く使われ
ており、工場の自動化に欠くことのできない存
在となっている。空気圧システムを適正に設計
し、有効に利用するために、空気圧機器の構造、
原理および性能特徴などを正確に理解するのが
重要であることを言うまでもなく、各種の技術
的な計算も不可欠である。

　空気圧システムは、圧縮空気を利用して仕事
をするもので、また、動力の伝達媒体である空
気が圧縮性流体であるので、関連の技術計算は、
機械力学、流体力学及び熱力学など多数の分野
に及んでいる。よく使われる計算として、空気
の状態変化、流量、圧力及び温度など基本計算
から、アクチュエータの出力、速度及び空気消
費量など、機器またはシステムの最適設計と省
エネ化に関する実用計算まで数多くの項目が挙
げられる[1]。本稿は、空気圧シリンダに関するい
くつかの計算式および空気圧システムで最も使
われている流量とコンダクタンスの計算式を紹
介する。

　本稿で扱う圧力は、すべてゲージ圧力である。

2. シリンダの理論出力と負荷率
2-1　理論出力

　空気圧シリンダは、圧縮空気エネルギーをピ
ストンの機械エネルギーに変換し、外部に仕事
をする機器である。システムの設計上、シリン

ダがどのくらいの力を出力できるかを把握する
ことが必要である。

　シリンダに摩擦や外力などの抵抗が全くない
場合の出力をシリンダの理論出力と呼ぶ。この
理論出力F[N]は、パスカル原理により、次のよ
うに計算される。

$$F = A \times P \qquad\qquad \cdots (1)$$

　ここで、A [mm^2] はピストンの受圧面積、P
[MPa] はシリンダへの供給圧力である。

　理論出力は、ピストンの受圧面積と供給圧力
に比例する。シリンダの形式、動作方向により
受圧面積が異なるので、理論出力も異なる。

　第1図に複動片ロッドシリンダの出力の概念

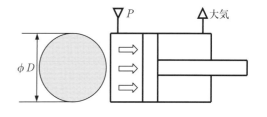

(a) 押出し

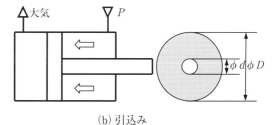

(b) 引込み

第1図　シリンダの出力

図を示す。押出し時と引込み時の理論出力は、それぞれ次のように計算される。

$$押出し時：F_1 = \frac{\pi}{4} D^2 P \qquad \cdots(2)$$

$$引込み時：F_2 = \frac{\pi}{4}(D^2 - d^2)P \qquad \cdots(3)$$

ここで、D［mm］とd［mm］はそれぞれシリンダの内径とロッド径である。

両ロッドシリンダの場合、押出し時と引込み時のいずれも、式(3)により計算される。ロッドレスシリンダの場合、両方向も式(2)により計算される。また、単動シリンダの場合は、圧縮空気による出力以外に、さらにばね力を考慮する必要がある。

［例］

シリンダ内径32mm、ロッド径12mm、供給圧力0.5MPaのとき、理論出力を求めよ。

$$押出し時：F_1 = \frac{3.14}{4} \times 32^2 \times 0.5 = 402\text{N}$$

$$引込み時：F_2 = \frac{3.14}{4} \times (32^2 - 12^2) \times 0.5 = 345\text{N}$$

2-2 負荷率

シリンダが外部に仕事をするには、出力は負荷を打ち勝たなければならない。シリンダを設計または選定する際に、出力が負荷よりどのくらい大きければいいかを決めるには、目安の指標として、負荷率の概念を使うことが多い。負荷率ηは、負荷のシリンダ理論出力に対する割合であり、次のように表される。

$$\eta = \frac{f}{F} \times 100\% \qquad \cdots(4)$$

ここで、f［N］はシリンダの運動方向での総負荷で、摩擦力、重力分力およびその他の外力などを含む。第2図に取付姿勢が異なる二つのシリンダ駆動回路を示す。搬送質量が同じであるが、負荷が水平駆動時$f=9.8$N、垂直駆動時$f=98$Nと異なるので、同じ理論出力に対して負荷率が10倍異なる。

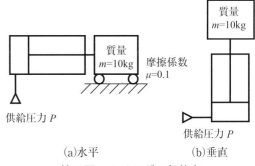

第2図　シリンダの負荷率

負荷率は、負荷に対するシリンダ出力の余裕率を表すと同時に、ピストンの速さを表す意味もある。負荷率が小さければ、負荷に対して出力の余裕が大きく、加速性がよいので、ピストンの速度が速くなる。通常、静的作業では0.7以下、動的作業では0.5以下と考えてよい。

［例］

第2図(b)の垂直搬送作業では、供給圧0.5MPa、負荷質量10kgのとき、シリンダのサイズを選定せよ。

負荷率を0.7とすると、式(4)より、必要な理論出力は

$$F = 10 \times 9.8 \div 0.7 = 140\text{N}$$

また、式(2)より、シリンダ内径は

$$D = \sqrt{140 \times \frac{4}{3.14} \div 0.5} = 18.9\text{mm}$$

よって、内径20mmのシリンダが決定される。

3. 空気消費量

空気消費量は、空気圧機器またはシステムがある条件の下で消費する空気量または空気流量と定義されている。通常、エアブロー、真空エジェクタのような連続的に空気を消費する場合は、空気流量で表現し、シリンダのような間欠に動作する場合は、1往復あたりの空気量で表現する。

第3図に複動片ロッドシリンダの駆動回路を示す。シリンダを1往復作動させるときに要す

る空気消費量は、シリンダ自身の消費量と配管の消費量の和となり、ピストンの速度に関係はない。

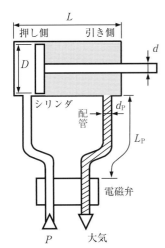

第3図　シリンダの空気消費量

シリンダの押出し時の空気消費量V_1 [L(ANR)]、引込み時の空気消費量V_2 [L(ANR)] および配管の空気消費量V_P [L(ANR)] は、ボイル・シャール法則により、それぞれ次のように計算される（常温20℃の場合）。

$$V_1 = \frac{\pi}{4}D^2 L \frac{P+0.1}{0.1} \times 10^{-6} \qquad \cdots (5)$$

$$V_2 = \frac{\pi}{4}(D^2 - d^2)L \frac{P+0.1}{0.1} \times 10^{-6} \qquad \cdots (6)$$

$$V_P = \frac{\pi}{4}d_P^2 L_P \frac{P}{0.1} \times 10^{-6} \qquad \cdots (7)$$

ここで、L [mm] はシリンダストローク、d_P [mm]、L_P [mm] はそれぞれ配管の内径と長さである。

そこで、1往復あたりの空気消費量V[L(ANR)]は、

$$V = V_1 + V_2 + 2V_P \qquad \cdots (8)$$

となる。シリンダの動作頻度 [往復/min] をNとすると、1分間あたりの空気消費量は、

$$V_N = V \times N \qquad \cdots (9)$$

となる。これで1日または月間、年間の空気消費量も簡単に把握できる。

装置全体の総空気消費量は、動作タイムチャートに従い、全アクチュエータについて積算して求める。この総空気消費量は、空気圧システムの運転コストを把握するための指標であるとともに、コンプレッサまたはエアタンクの選定基準となる。

［例］

供給圧力0.5MPa、内径32mm、ロッド径12mm、ストローク50mmのシリンダに電磁弁から内径5mmの配管を4m接続した回路が毎分10往復作動するときの空気消費量を計算せよ。

押出し時と引込み時の空気消費量は

$$V_1 = \frac{3.14}{4} \times 32^2 \times 50 \times \frac{0.5+0.1}{0.1} \times 10^{-6}$$
$$= 0.24 \text{L(ANR)}$$

$$V_2 = \frac{3.14}{4} \times (32^2 - 12^2) \times 50 \times \frac{0.5+0.1}{0.1} \times 10^{-6}$$
$$= 0.21 \text{L(ANR)}$$

配管の空気消費量は

$$V_P = \frac{3.14}{4} \times 5^2 \times 4000 \times \frac{0.5}{0.1} \times 10^{-6}$$
$$= 0.39 \text{L(ANR)}$$

1往復空気消費量は

$$V = 0.24 + 0.21 + 0.39 \times 2 = 1.23 \text{L(ANR)}$$

1分間あたりの空気消費量は

$$V_N = 1.23 \times 10 = 12.3 \text{L(ANR)}$$

4.　必要供給流量

必要供給流量は、所定時間内に上流からアクチュエータシステムへ供給すべき流量である。所要空気量ともいう。この必要供給流量は、該当アクチュエータシステムに空気を供給する上流配管系（フィルタ、減圧弁、増圧弁など）の機種サイズを選定するための流量指標値になる。

3節の空気消費量と違って、必要供給流量は、ピストンの速度に関係がある。第4図にシリン

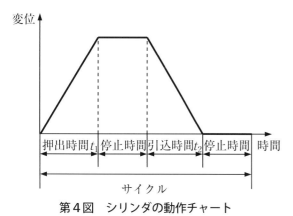

第4図 シリンダの動作チャート

ダの動作チャート例を示す。押出し時と引込み時の動作時間が違うことがあるので、必要供給流量を動作方向別で計算し、大きい方をシリンダの必要供給流量とする必要がある。

必要供給流量Q〔L/min(ANR)〕は、次のように計算される。

押出し時：$Q_1 = (V_1 + V_p)\dfrac{60}{t_1}$　　　…(10)

引込み時：$Q_2 = (V_2 + V_p)\dfrac{60}{t_2}$　　　…(11)

$Q = \max(Q_1, \ Q_2)$　　　…(12)

ここで、t_1、t_2〔s〕はそれぞれシリンダの押出し時と引込み時の動作時間である。

複数本のシリンダがある場合、同時に動作するものの必要供給流量を合計し、そのうちの最大値を用いる必要がある。

〔例〕

前例で、押出しと引込みの全ストローク時間をそれぞれ1s、0.8sとする場合、必要供給流量を計算せよ。

押出し時と引込み時の必要供給流量はそれぞれ

$Q_1 = (0.24 + 0.39) \times \dfrac{60}{1} = 37.8\text{L/min(ANR)}$

$Q_2 = (0.21 + 0.39) \times \dfrac{60}{0.8} = 45\text{L/min(ANR)}$

よって、シリンダへの必要供給流量は大きい方の45L/min(ANR)となる。

本例の必要供給流量と3節で計算された1分間あたりの空気消費量は、数値的にも意味的にも違うことを注意されたい。前者は、所定の動作時間内に瞬間的に供給しなればならない流量、後者は、1分間で平均的に消費される空気量（平均消費流量）である。

5. 流量と音速コンダクタンス
5-1 流量計算式

空気圧機器の流量特性が音速コンダクタンスと臨界圧力比の二つのパラメータで表すことは、ISO 6358:1989およびJIS B 8390:2000により規定されている。

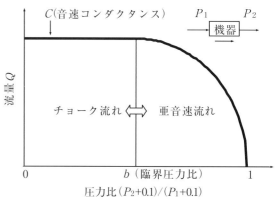

第5図 機器の流量特性

第5図に機器の流量特性を示す。上流側と下流側の圧力の比が1のとき流量は0であり、圧力比を小さくするにつれて流量は増大する。しかし、臨界圧力比になると流速が音速に達し、以後圧力比が0まで流量は音速コンダクタンスに比例して一定になる。この流量が飽和する流れをチョーク流れといい、音速に達しない流れを亜音速流れという。

機器を通る流量の計算式は、チョーク流れと亜音速流れの二つの領域に分けて表され、実用単位を用いると、次のようになる。

$b \geq \dfrac{P_2 + 0.1}{P_1 + 0.1}$ の時、

チョーク流れ：$Q = 600C(P_1 + 0.1)\sqrt{\dfrac{293}{273 + t}}$ … (13)

$b < \dfrac{P_2 + 0.1}{P_1 + 0.1}$ の時、

亜音速流れ：

$$Q = 600C(P_1 + 0.1)\sqrt{\dfrac{293}{273 + t}}\sqrt{1 - \left(\dfrac{\dfrac{P_2 + 0.1}{P_1 + 0.1} - b}{1 - b}\right)^2}$$
… (14)

ここで、Q [L/min (ANR)] は空気流量、C [dm³/ (s·bar)] は音速コンダクタンス、b [-] は臨界圧力比、P_1 [MPa] は上流圧力、P_2 [MPa] は下流圧力、t [℃] は温度である。

[例]

音速コンダクタンス5dm³/(s·bar)、臨界圧力比0.3のバルブで、上流側圧力0.5MPa、下流側圧力0.3MPa、温度20℃のときの空気流量を計算せよ。

圧力比は

$\dfrac{0.3 + 0.1}{0.5 + 0.1} = 0.67 > 0.3$

であるので、亜音速流れの式(14)により、流量は

$$Q = 600 \times 5 \times 0.6\sqrt{\dfrac{293}{273 + 20}}\sqrt{1 - \left(\dfrac{0.67 - 0.3}{1 - 0.3}\right)^2}$$

$= 1533 \text{L/min (ANR)}$

5-2 音速コンダクタンスと臨界圧力比

音速コンダクタンスと臨界圧力比は機器の固有の特性値であり、試験によって測定される。試験方法は、ISO 6358：1989により規定されている。

第6図に入口および出口ポートをもつ機器の試験回路を示す。上流圧力を一定に維持し、下流圧力を所定条件で変えたときの流量、圧力、温度を測定する。その測定データから、式(13)と式(14)からCとbを逆算する。バルブ、スピードコントローラ、サイレンサ、継手など機器は、これらの特性値がメーカーのカタログに記載されているので、そのまま利用できる。

空気圧機器の流量特性は、音速コンダクタンスと臨界圧力比の表現以外に、従来、単一パラメータである有効断面積S [mm²] またはC_v値などの表現がある。これらの特性値を次のように音速コンダクタンスに換算できる。

$C = 0.2S$ … (15)

$C = 4.0C_v$ （臨界圧力比は0.3仮定）[1] … (16)

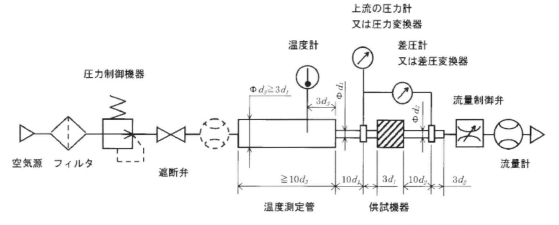

第6図　流量特性試験回路

配管の音速コンダクタンスと臨界圧力比は、次の近似式で求められる。

$$C = \frac{\pi}{20} d^2 \frac{1}{\sqrt{\lambda \frac{1000L}{d^{1.31}} + 1}} \qquad \cdots (17)$$

$$b = 4.8 \frac{C}{d^2} \qquad \cdots (18)$$

ここで、d [mm] は配管内径、L [m] は配管長さ、λ [-] は管摩擦係数である。樹脂配管の場合は $\lambda = 0.02$、鋼管の場合は $\lambda = 0.03$ である。

6. コンダクタンスの合成

空気圧システムは、バルブ、継手、配管などの複数の機器が接続されて構成されている。これらの複数の機器の総合的な流通能力を把握するには、各々の機器のコンダクタンスを合成することが必要となる。コンダクタンスの合成は第7図に示すように、並列接続と直列接続に分類される。

6-1 並列合成

第7図(a)のような、一本の配管系が複数本に分岐したり、複数本が一本に合流したりする場合、各々のコンダクタンスを C_1、C_2、…とすると、その合成値 C は次式により求めることができる。

$$C = C_1 + C_2 + \cdots \qquad \cdots (19)$$

$$b = 1 - \frac{1}{\left[\frac{C_1}{C\sqrt{1-b_1}} + \frac{C_2}{C\sqrt{1-b_2}} + \cdots \right]^2} \qquad \cdots (20)$$

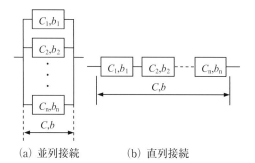

(a) 並列接続　　(b) 直列接続

第7図　コンダクタンスの合成

また、各々の臨界圧力比を b_1、b_2、…とすると、その合成値 b は、次式により求めることができる。

6-2 直列合成

第7図(b)のような、一本の配管系に複数の機器が順次に接続される場合、コンダクタンスと臨界圧力比の直列合成は次式により求めることができる。

$$\frac{1}{C^3} = \frac{1}{C_1^3} + \frac{1}{C_2^3} + \cdots \qquad \cdots (21)$$

$$b = 1 - \left[\left(\frac{C}{C_1} \right)^2 (1-b_1) + \left(\frac{C}{C_2} \right)^2 (1-b_2) + \cdots \right] \qquad \cdots (22)$$

式(21)は機器の接続順序などを考慮していない近似計算である。圧力降下が小さくて圧縮性を無視しうる場合、式(21)における3乗の代わりに2乗とする近似式もある。

[例]

第8図に示すA、B分岐配管系を有するエアブロー系の流量を計算せよ。

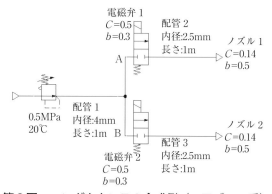

第8図　コンダクタンスの合成例（エアブロー系）

①配管1は、式(17)と式(18)より

$$C_1 = \frac{3.14}{20} \times 4^2 \times \frac{1}{\sqrt{0.02 \times \frac{1000 \times 1}{4^{1.31}} + 1}}$$

$$= 1.22 \, \text{dm}^3/(\text{s·bar})$$

$$b_1 = 4.8 \times \frac{1.22}{4^2} = 0.37$$

同様に、配管2と配管3は、$C_2 = 0.37\mathrm{dm}^3/(\mathrm{s \cdot bar})$、$b_2 = 0.28$、$C_3 = 0.37\mathrm{dm}^3/(\mathrm{s \cdot bar})$、$b_3 = 0.28$ となる。

②配管系Aの直列合成は、式(21)と式(22)から

$$\frac{1}{C_A^3} = \frac{1}{0.5^3} + \frac{1}{0.37^3} + \frac{1}{0.14^3}$$

であるので、$C_A = 0.137\mathrm{dm}^3/(\mathrm{s \cdot bar})$

$$b_A = 1 - \left[\left(\frac{0.137}{0.5}\right)^2 (1-0.3) + \left(\frac{0.137}{0.37}\right)^2 (1-0.28) + \left(\frac{0.137}{0.14}\right)^2 (1-0.5) \right] = 0.37$$

同様に、配管系Bの直列合成は、$C_B = 0.137\mathrm{dm}^3/(\mathrm{s \cdot bar})$、$b_B = 0.37$ となる。

③配管系Aと配管系Bの並列合成は、式(19)と式(20)から

$$C_{AB} = 0.137 + 0.137 = 0.274\mathrm{dm}^3/(\mathrm{s \cdot bar})$$

$$b_{AB} = 1 - \frac{1}{\left(\dfrac{0.137}{0.274\sqrt{1-0.37}} + \dfrac{0.137}{0.274\sqrt{1-0.37}} \right)^2} = 0.37$$

④配管1とA、B配管系の直列合成は、②と同様に、

$C = 0.273\mathrm{dm}^3/(\mathrm{s \cdot bar})$、$b = 0.34$ となる。

⑤流量は、式(13)と式(14)より

$Q = 98.28\mathrm{L/min(ANR)}$ となる。

7. 新しい流量特性規格

空気圧機器の流量特性試験規格ISO 6358が2013年に改正され、ISO 6358-1：通則及び定常流れ試験、ISO 6358-2：代替試験が制定された。これらのISO規格に準拠するJIS B 8390も2016年に第1部が、2018年に第2部が制定された[(2)、(3)]。今後、空気圧機器メーカーのカタログは、この規格に準拠した流量特性表示に順次、改訂される。

7-1 流量特性表示と流量計算式

流量特性表示は、音速コンダクタンスC、臨界圧力比bの二つのパラメータから音速コンダクタンスC、臨界背圧比b、亜音速指数m、クラッキング圧ΔP_cの四つのパラメータで表すことが規定され、機器の特性の表示精度が向上した。流量特性図を第9図に示す。チョーク流れおよび亜音速流れの流量計算式は、次の式(19)および式(20)ようになる。

$b \geq \dfrac{P_2 + 0.1}{P_1 + 0.1}$ の時、

チョーク流れ：$Q = 600C(P_1 + 0.1)\sqrt{\dfrac{293}{273+t}}$

$$\cdots (19)$$

$b < \dfrac{P_2 + 0.1}{P_1 + 0.1}$ の時、

亜音速流れ：

$$Q = 600C(P_1 + 0.1)\sqrt{\frac{293}{273+t}} \left(1 - \left(\frac{\dfrac{P_2 + 0.1}{P_1 + 0.1} - b}{1 - \dfrac{\Delta P_c}{P_1} - b} \right)^2 \right)^m$$

$$\cdots (20)$$

ここで、Q [L/min(ANR)] は空気流量、C [L/(s·bar)(ANR)] は音速コンダクタンス、b [−] は臨界背圧比、P_1 [MPa] は上流圧力、P_2 [MPa] は

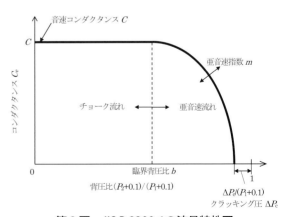

第9図　JIS B 8390-1の流量特性図

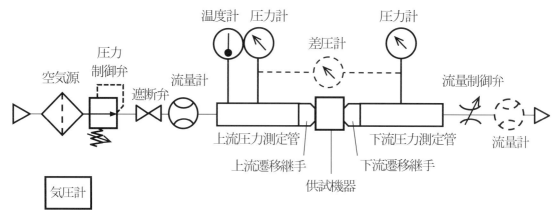

第10図　上流圧力一定試験回路

下流圧力、ΔP_c [MPa] はクラッキング圧、t [℃] は温度である。

7-2　試験回路

JIS B 8390-1に規定される上流圧力一定試験回路を第10図に示す。旧規格では、供試機器の接続サイズと同じサイズの圧力測定管を使用するため、圧力測定管で流れがチョークし、正しく測定できないことがあった。そのため、この規格では、供試機器の接続サイズの2サイズ大きい圧力測定管と供試機器と圧力測定管を接続する遷移継手を使用し、圧力測定管で流れがチョークすることを防止した。

試験回路には、サイレンサなどの下流側に接続を持たない機器のための上流圧力可変試験回路がある。また、JIS B 8390-2では、等温化タンクから放出または充填過程で流量特性を測定する試験方法が規定され、この方法は、省エアで試験時間を短縮できる。

8．おわりに

本稿は、空気圧技術における基本的な計算として、シリンダの理論出力、空気消費量、必要供給流量及び空気圧機器の流量と音速コンダクタンスなどの計算式と計算例を紹介した。読者皆様の空気圧技術の実務にお役に立てば幸いである。

最近、空気圧関連の計算プログラムが数多く開発され、空気圧システムまたは機器の特性計算および最適選定などが簡単に行える[4]。これらは、空気圧の技術計算の高度化、効率化に大いに寄与する。

＜参考文献＞

(1) 実用空気圧ポケットブック(2012年版)、(一社)日本フルードパワー工業会
(2) JIS B 8390-1：空気圧－圧縮性流体用機器の流量特性試験方法－第1部：通則及び定常流れ試験方法、(2016)
(3) JIS B 8390-2：空気圧－圧縮性流体用機器の流量特性試験方法－第2部：代替試験方法、(2018)
(4) 張：「SMC設計支援ソフト」による省エネの取り組みとその事例、油空圧技術、第50巻、第11号、4/8(2011)

【筆者紹介】

妹尾　満
SMC㈱　技術研究部
〒300-2493　茨城県つくばみらい市絹の台4-2-2
TEL：0297-52-6651
E-mail：senoo@smcjpn.co.jp

アネスト岩田㈱
空気の力で社会に貢献する
空気圧縮機、空圧機器及び空気動工具の製造販売

アネスト岩田は、1926年に岩田製作所として創立しました。2年後には小形コンプレッサ製造・販売を開始。69年に国産初の空冷二段・中形コンプレッサを発売、77年に回転式コンプレッサ分野へ進出、90年に大形ロータリーコンプレッサの発売、91年には世界で初めてオイルフリースクロールコンプレッサを発売しました。近年では、オイルフリーエアの需要は世界的に高くなりつつあり、オイルフリースクロールコンプレッサの必要性は強まってきています。お客様のニーズにお応えするため、出力レンジの拡大、技術力の向上に努めてきました。

私たちは来る2026年の100周年に向け「真のグローバルワン・エクセレントメーカ」となるべく、「お客さま第一主義」の下、最適な組織体制づくり、技術の向上、人材育成を進めております。

人と人の生活に役立つ企業であり続けると共に、創業以来の社是である「誠心（まことのこころ）」を守り続け、今後も最高の品質・技術・サービスをお届けいたします。

主力製品の1つであるレシプロコンプレッサは創業当初より多くのお客様にご愛顧いただいております。オイルフリーレシプロコンプレッサでは当社独自のコンポジット樹脂ピストンを使用しているため、焼きつきやカジリが

発生しません。比較的安価なレシプロコンプレッサでありながら、オイルを含まない高品質なクリーンエアの供給が可能です。

91年に当社が世界で初めて商品化をしたオイルフリースクロールコンプレッサは、優れた静音性と振動が少ないことが特長です。クラスゼロの認証を取得しているため、クリーンエアを必要とする食品、医療、精密機器など様々な業界のニーズを満たすことが出来る製品です。また、環境に配慮した鉄道や電動バスのブレーキシステム用としても注目を集めています。

その優れた静音性を活かし、工場の各エリアに分散設置をすることが容易なため、圧縮空気ラインの圧力安定化や、生産ラインの組み換えに対応しやすくなるなど、柔軟に運用することが可能です。さらにコンプレッサ本体を複数搭載したモデルでは、コンプレッサが突然故障するリスクを分散し、工場の安定稼働に貢献いたします。

会社概要

＜代表者名＞
　代表取締役 社長執行役員　壺田貴弘
＜本社＞
　〒223-8501　神奈川県横浜市港北区新吉田町
　　　　　　　3176番地
＜TEL／FAX＞
　TEL：045-591-1111　FAX：045-593-1532
＜資本金＞　33億5,435万円
＜従業員数＞　1,736名
　国内616名（35％）・海外 1,120名（65％）
＜主な事業内容＞　①空気圧縮機、空圧機器及び空気動工具の製造販売　②真空機械器具・装置の製造販売　③塗装用機械器具の製造販売　④塗装用設備の製造販売並びに設置工事　⑤接着用機械器具・設備の製造販売　⑥医療機器の製造販売　⑦電力供給装置、動力伝達装置の製造販売　⑧自然再生可能エネルギーによる発電・売電事業　⑨前各号に掲げる製品及び設備の開発、設計、施工及びコンサルティング業務、並びにこれらの製品及び設備の製造に関する技術・ノウハウの販売。⑩前各号に附帯関連する一切の事業

SMC株式会社

空気圧の総合メーカーとして、世界のあらゆる産業の自動化に貢献、お客様のご要望、ご期待にお応えいたします。

■技術開発

　将来に向けた、基礎技術の研究を行うと同時に世界の市場の変化に対応したタイムリーな製品開発を目指しています。その為に、日本、アメリカ、ヨーロッパ、中国に技術センターを設立、各技術センター間で情報共有を行い、充実した環境と1,600名のエンジニアスタッフでお客様からの多様なニーズにすばやく的確にお応えしています。

■生産供給

　草加工場（埼玉県）、筑波工場（茨城県）など6つの国内生産拠点および中国、シンガポール、インド、ベトナムの海外生産拠点から、世界の市場に向けてSMC製品をお届けしています。

　また、世界各国の現地でお客様の多様化する要望に柔軟かつすばやく対応ができるように、現地生産工場を31ヵ国に設置しております。

■営業・コミュニケーション

　早くから海外市場へ進出し、着実に世界各国に現地法人および代理店の設立を進め、現在では合計83の国と地域、560拠点を数えるに至っています。

　今後も各々の国や地域によって異なるお客様の要求の一つ一つにきめ細かく応えていくために営業拠点とスタッフの充実に一層力を入れ、世界の市場でお客様にさらなる「満足」をお届けします。

筑波技術センター

■SMC製品

- 圧縮空気清浄化機器：エアドライヤ、ミストセパレータ
- 空気圧補助機器：エアフィルタ、レギュレータ、ルブリケータ
- 方向制御機器：3・4・5ポートソレノイドバルブ
- 駆動機器：エアシリンダ、ロータリアクチュエータ、エアチェック
- センサ：圧力スイッチ、フロースイッチ
- 電動機器：電動アクチュエータ、コントローラ、ドライバ
- 流体制御用機器：2・3ポートソレノイドバルブ、クーラント用バルブ
- 薬液用機器：薬液用エアオペレートバルブ
- 温調機器：サーモチラー、サーモコン
- 真空用機器：真空エジェクタ、真空パッド、エアサクションフィルタ
- 高真空機器：高真空L型バルブ、スリットバルブ、真空ロッドレスシリンダ

JSYシリーズ

会社概要

＜代表者名＞	代表取締役社長　丸山勝徳

＜本社＞
　〒101-0021　東京都千代田区外神田4-14-1
　　　　　　　秋葉原UDX15F
＜TEL／FAX＞
　TEL：03-5207-8271㈹　FAX：03-5298-5361
＜URL＞　https://www.smcworld.com
＜資本金＞　610億円
＜売上高＞　5,769億円（連結)*
＜従業員数＞　19,746人（連結)*
＜主な事業内容＞
　①自動制御機器製品の製造加工および販売
　②焼結濾過体および各種濾過装置の製造
　　および販売

（*2019年3月末現在）

ケーザーコンプレッサー㈱

KAESER KOMPRESSOREN SEの日本法人になります。昨年は、おかげさまで創業100周年を迎えました。

ケーザーコンプレッサー社は、世界トップクラスのコンプレッサーメーカーであり、圧縮空気関連製品とサービスのプロバイダーです。1919年に機械工作所として設立されたケーザー社は、おかげさまで昨年100周年を迎えることができました。世界100か国以上に現地法人又は協力会社を有しており、日本国内に限らず、日本のお客様の海外展開のサポートも行っております。

お客様が必要とする圧縮空気量および圧縮空気の品質双方を満たすシステムにおいて、圧縮空気の費用を最小化することに注力し、製品の性能向上や最適システムの構築に関するノウハウを積み重ねております。

近年、急速にニーズが高まっていますターンキーソリューションに加えて、圧縮空気販売に代表される総合サービス業務も展開しております。

ドイツ本社工場

■種製品・サービス
① オイル循環式スクリューコンプレッサー
② ドライランニング式スクリューコンプレッサー
③ レシプロ式昇圧ブースター
④ 圧縮空気システム制御、管理システム盤
⑤ 各種ドライヤー
　（冷凍式、吸着式、ハイブリット）
⑥ 各種ラインフィルター
⑦ ドレイン処理装置
⑧ スクリュー式ブロワー
⑨ ルーツ式ブロワー
⑩ 船舶向けコンプレッサー及びブロワー
⑪ 圧縮空気販売
⑫ 省エネ診断

■各種実績
当社製品は、あらゆる生産現場でご使用いただいております。オイルフリーエアーのアプリケーションでは、ドライスクリューコンプレッサーを用いたシステムに加えて、オイル循環式コンプレッサーに適切なトリートメントを構成することでお客様が要望される圧縮空気の品質を維持したシステムを提供しております。システム構成は第3者検証機関にて認証を得ており、安心して圧縮空気をご使用いただけます。

会社概要
＜代表者名＞　河合　仁
＜本社＞
〒108-0022　東京都港区海岸3-18-1
＜TEL／FAX＞
TEL：03-3452-7571　FAX：03-3452-7588
＜URL＞　http://jp.kaeser.com
＜資本金＞　4,000万円
＜主な事業内容＞
圧縮空気システムの輸入販売および保守
圧縮空気システム最適化および圧縮空気販売
などのサービスビジネス

甲南電機㈱
With a Customer

当社は創業以来、真にお客さまや社会のお役に立つモノ造りを目指して、終始努力を重ねてまいりました。今日では、空気圧・油圧を主体とした自動化・省力化機器のパイオニアとして、原子力・火力発電などのエネルギープラント、製鉄や製紙をはじめとした各種プラントを支え、さまざまな産業分野に安全と安心をご提供しています。これからも誠実で信頼され感謝される企業として、お客さまとともに歩む甲南電機でありつづけます。

写真1　ヘビーデューティ電磁弁

ヘビーデューティ電磁弁

さまざまな工場で、さまざまな現場で空気圧による自動化のための設備・装置の要素機器として数々の実績を創り上げてきました。過酷な環境、条件の下で高い信頼性を発揮し続ける強力タイプの空気圧電磁弁です。

強力な吸引力を誇るソレノイド。大きなストロークによる大流量を確保し、雑エアーに強いパイロットバルブ。長期間のシールを約束するメインバルブ部。確実な制御を果たすメカニズムです。

写真2　火力発電所用シリンダ（外置き形）

オイルバーナ制御用シリンダ（抜き差しシリンダ）

火力発電用ボイラーに装着してオイルバーナの抜き出し、差し込みの自動操作に用いる、バーナー制御に極めて重要な空気圧制御装置です。ボイラーを加熱したときに、パッキン類および摺動部が破損しないようクーリングエアーによる冷却室が設けてあります。このタイプのシリンダには、シリンダ本体部と外周冷却室および断熱材からなるシリンダ内筒形と、エアシリンダを外部に設置するシリンダ外置き形の2種類があります。

会社概要

<代表者名>
　代表取締役 会長 兼CEO 宮内寿一
　代表取締役 社長　桐　啓司
<本社>
　〒663-8133　西宮市上田東町4-97
<TEL／FAX>
　TEL：0798-40-6600
　URL：https://www.konan-em.com
<創業>　昭和15年5月（1940年5月）
<設立>　昭和24年3月（1949年3月）
<資本金>　4億7,900万円
<年商>　62億6,054万円（令和元年8月期）
<従業員数>　175名（臨時従業員含まず）
<営業拠点>
　東京/札幌/仙台/千葉/大阪/名古屋/金沢/広島/高松/北九州/西宮/神戸

㈱コガネイ
人と夢をつなぐクリーンテクノロジー

1934年㈱山本商会を設立、ドイツ工作機械の輸入販売を開始する。1951年商号を㈱小金井製作所に変更。1962年米国ハンフリープロダクツ社とエアバルブについて技術提携し製造販売を行う。1987年フッ素樹脂製機器事業を開始。1991年商号を㈱コガネイに変更。2004年上海、2006年タイ、2010年シンガポール・韓国に海外販売現地法人を設立。2011年ベトナム海外生産現地法人を設立。2011年米国、2013年台湾に海外販売現地法人を設立。2016年樫山金型工業（現㈱コガネイモールド）、2017年武蔵野精機㈱、2018年㈱ユー・ティー・エム、2019年㈱イマハシ製作所をグループ企業とする。

■新製品情報

・2019年10月発売オートハンドチェンジャMJCシリーズ

　ロボットハンドやツールの自動交換に使用されるオートハンドチェンジャ。「大型ロボットの先端に使用したい」というニーズにお応えして、可搬質量を3kgから最大150kgまで6サイズにバリエーションアップ。電気インターフェイスも丸形コネクタや非接触電極を新たに追加。ロボットをスピードアップさせ、お客様の生産性向上に貢献します。

写真1　オートハンドチェンジャMJCシリーズ

・2020年2月発売電磁弁Fシリーズ、F18シリーズリニューアル

　発売以来、ご好評をいただいています、シングルダブル両用の電磁弁Fシリーズの中で流量サイズの大きいF18シリーズがリニューアルされました。リニューアルの内容は電磁弁のソレノイドを他シリーズであるF10、F15シリーズと同じソレノイドを採用した事です。それにより、消費電力が下がり、低電流タイプの選択により0.1Wが可能となりました。

写真2　電磁弁Fシリーズ

会社概要

＜代表者名＞　代表取締役社長　岡村吉光
＜本社＞
　〒184-8533　東京都小金井市緑町3-11-28
　TEL：042-383-7172　FAX：042-383-7206
　URL：http://www.koganei.co.jp
＜資本金＞　64,137万円
＜従業員数＞　600名
＜主な事業内容＞
　空気圧機器、フッ素樹脂製機器、静電気応用機器、電動機器、流体制御機器、集中給油装置、環境機器、医療機器の製造販売

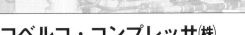

コベルコ・コンプレッサ㈱
汎用圧縮機及び周辺機器の
販売・サービス

写真2　エメロード ALEⅣ型

当社は国産初の空気圧縮機を製造した神戸製鋼グループの汎用圧縮機事業の販売会社として、1997年7月に誕生しました。主な事業内容は、㈱神戸製鋼所の汎用圧縮機や周辺機器の販売、並びにそのアフターサービスです。省エネ診断によるエネルギー使用改善のご提案を得意としており、これまで多数のお客さまと共に、工場の省エネルギーに貢献して参りました。

私たちの使命は、ユーザー様の立場に立って、ユーザー様のためになり、喜ばれる商品・サービス・問題解決を提供し続けることです。そのために、ニーズを的確に捉え、時代をリードする技術と商品を、すぐ手が届く緻密なネットワークでお届けします。

写真1　新世代KOBELION　Ⅳ型

当社ではスクリュ式の汎用圧縮機を主力に販売しています。油潤滑式の空気圧縮機「新世代Kobelion Ⅳ型」シリーズは新開発のスクリュ本体を搭載し、クラス最大級の吐出空気量を達成しました。また、パッケージ設計を全体的に見直したことで静粛性・耐熱性を向上し、高い信頼性を実現しています。

2020年2月現在、標準機（屋内仕様）22kW～75kW、屋外仕様22kw・37kwをリリース致しました。

また、オイルフリー式圧縮機「エメロードALE」シリーズは全機種で「大気開放穴2カ所構造」を搭載し、アンロード運転が長時間続いても圧縮室内に潤滑油が侵入することを防ぎます。

このコベルコ独自の確かな技術が認められ、当シリーズは圧縮空気の品質等級において最高レベルの清浄度を示すクラスゼロ（ISO 08573-1）認証を取得しています。

また、当機種の最新シリーズとなる「エメロードALE Ⅳ型」は、世界でも最高クラスの省エネ性能が認められ、㈳日本産業機械工業会 風水力機械部会汎用圧縮委員会より、2018年度の優秀製品として表彰されるなど、高い評価を頂いております。

更に、これらの圧縮機による操業をより強力にサポートするべく、2018年よりIoTを活用した新たなクラウドサービス「Kobelink」を開始致しました。

当サービスはクラウドを通じ、エネルギー消費や運転状態の"見える化"を実現。複数台を管理する場合でも、いつ・どこからでも一つの画面で詳細なステータスを確認でき、日常的な点検業務を効率化します。

＊対象機種は別途お問い合わせ下さい。

会社概要

＜代表者名＞　代表取締役社長　山城一磨
＜本社＞
　〒141-0032　東京都品川区大崎1-6-4
　　　　　　　（新大崎勧業ビルディング16F）
＜TEL／FAX＞
　TEL：03-5496-0012　FAX：03-5496-0019
＜URL＞　http://www.kobelco-comp.co.jp/
＜資本金＞　4億5千万円
＜年商＞　196億円（2018年度）
＜従業員数＞　135名（2020年1月末現在）
＜主な事業内容＞
　汎用圧縮機や周辺機器の販売、アフターサービス
＜認証資格等＞　ISO 8573-1

CKD株式会社

世界のFAトータルサプライヤー

事業案内

　1943年（昭和18年）に創立以来70年以上にわたって自動化技術や流体制御技術の研究開発に取り組み、暮らしのあらゆるシーンで何気なく使用している商品にCKDの自動化技術が使われ、快適で便利な暮らしを支えています。今では自動機械装置は140商品群、空気圧機器・流体制御機器は7,000商品群、50万アイテムを揃えるに至りました。これら製品は国内はもとより、海外の多くのお客様にもCKD商品をご利用いただいております。

　当社は、今後大きな変化を遂げていく市場環境に対応するために、10年VISIONを策定いたしました。10年先を見据えたうえで、流体制御と自動化のパイオニアとして「世界のFAトータルサプライヤー」を目標に定め、企業の成長とともに、事業を通じたさらなる社会貢献と、持続可能な社会の実現に努めてまいります。10年VISIONでは、3つの基本方針「国内No.1商品をグローバルに進化」「新しい事業と市場に挑戦」「事業基盤の強化」に基づき、高い目標に向かって果敢に挑戦を続け、その結果生み出される新しい価値を世界に示していきます。そして、将来を見据えた新たな技術・商品の開発や、海外市場への積極的な展開、お客さま第一のサービス体制強化を通じて、すべてのお客さまにご満足いただける、真のグローバル企業を目指していきます。

主要製品

- 省力機器
  アブソデックス、インデックスユニット、
  P&Pユニット

- 空気圧制御機器
  空気圧バルブ
  （個別・省配線、プラグインマニホールド）

- 駆動機器
  電動アクチュエータ、空気圧シリンダ、
  助力装置(パワフルアーム)

- 空気圧関連機器
  F.R.Lユニット、除菌抗菌フィルタ、流量センサ、
  継手、スピードコントローラ、エアドライヤ

- ファインシステム機器
  薬液用バルブ、プロセスガス用バルブ、
  集積化ガス供給システム、真空用バルブ

- 流体制御機器
  医療分析用バルブ、各種流体用バルブ、
  水用流量センサ、自動散水用電磁弁

- 自動機械装置
  薬品包装機、食品用包装機、リチウムイオン
  電池用巻回機、三次元はんだ印刷検査機

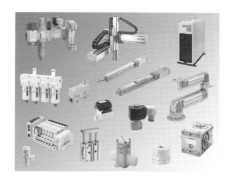

会社概要

＜代表者名＞　代表取締役社長　梶本　一典
＜本社＞
　〒485-8551　愛知県小牧市応時二丁目250番地
＜TEL／FAX＞
　TEL：0568-74-1304　FAX：0568-77-3410
＜URL＞　https://www.ckd.co.jp/
＜資本金＞　110億1,600万円
＜年商＞
　［連結］1,156億6,500万円（2019/3月末）
＜従業員数＞
　［連結］：4,582名（2019/3月末）
＜主な事業内容＞
　自動機械装置及び省力機器、空気圧制御機器、駆動機器、空気圧関連機器、ファインシステム機器、流体制御機器など機能機器の開発・製造・販売・輸出

シュマルツ㈱
製造業を支える
真空機器のリーディングカンパニー

シュマルツ㈱は、ドイツに本社を置く真空機器メーカー J. Schmalz GmbH（1910年創業）のアジア初の日本法人として、2002年に設立されました。製造工程や出荷工程の搬送に使用される真空機器を主軸とし、真空パッドや真空発生器、圧力センサ等の多くの機器を開発・生産しています。シュマルツでは、売り上げの8.5%を新製品の研究開発に充てており、世界規模で培われたノウハウをもとに、常に市場をリードする先進的なソリューションをご提供します。

写真1　生産性向上に寄与するシュマルツの真空機器

お求めやすい標準製品から各業界特有のニーズに適う専門的製品、生産プロセスの「見える化」に貢献する高機能機器まで、6,000点にも及ぶ真空機器をラインアップしています。

各業界向け真空パッド

吸着跡を残しにくいゴム製パッド、油膜の張った鉄板の横滑りを抑える自動車メーカー向けパッド、薄いフィルムのシワや変形の抑制するパッド等、様々なご要望にお応えする製品をご用意しています。

IoT機器

Industrie 4.0発祥のドイツに本社に置くシュマルツは、早くからIoT機器の開発に着手しました。IoT対応の真空発生器やセンサは、真空圧の変動やエラー状況の確認、機器内の設定値の変更を離れた場所から行えます。また、モニタリング結果からエラーの早期検出や事前のメンテナンス（予知保全）が可能となり、真空システムの可用性向上に寄与します。

汎用ロボットハンド

吸着面にスポンジや吸着パッドを使用したロボットハンドである真空グリッパーは、特殊なバルブ機構を内蔵し、サイズ・形・数量の異なるワークの一括搬送が可能です。汎用性が高く、段ボールのパレタイジングをはじめ、包装品の箱詰めや車体部品の搬送等、あらゆるアプリケーションに適しています。

協働ロボット向け真空機器

人と共に作業を行う協働ロボットは、安全柵のない場所で使用でき、プログラミングにも専門的な知識を必要としないため、これまでロボットの運用が難しかった中小企業での導入が進んでいます。シュマルツでは協働ロボット向け製品として、安全上の規格であるISO/TS 15066に準拠した真空ポンプやロボットハンドをラインアップしています。

手動搬送システム

手動による重量搬送に適した真空リフターは、物流現場をはじめ、加工機への材料投入や取り出し、組立工程での補助等に適しています。人間工学に基づいて設計されており、作業者の負担を大きく軽減するとともに重量物を取り扱う作業の省力化・効率化を実現し、生産性を向上します。

写真2　複数個の一括搬送等、汎用性の高いロボットハンド

会社概要

＜代表者名＞　代表取締役社長
　　　　　　　ゲッテゲンス・アーネ
＜本社＞
　　〒224-0027　神奈川県横浜市都筑区大棚町
　　　　　　　　3001-7
＜TEL／FAX＞
　　TEL：045-565-5150　FAX：045-565-5151
＜URL＞　http://www.schmalz.co.jp
＜資本金＞　1,000万円
＜従業員数＞　47名（グローバル：1,500名）
＜主な事業内容＞
　　搬送用ロボットや装置に使用される真空吸着機器や固定用真空吸着機器の販売

㈱TAIYO
産業インフラの高度化を支援、競争優位をサポート

ボーダレス経済の進展、加速度的に進行する技術革新…

産業社会をとりまく環境は、ここ数年で急激な変化を遂げました。それにともない、開発現場や生産現場、物流部門では一層のコストダウンを実現し、多様化する消費者ニーズに確実に応える新しいインフラストラクチャーの構築が求められています。TAIYOは、創業から80年以上におよぶ歩みの中で培った多様な要素技術と豊かな技術的資産をベースに、新しい時代に適合した産業インフラストラクチャーをサポート。競争優位の体制づくりのお手伝いをしています。

Intelligent Motion & Control

各種シリンダを軸に、産業用ロボットから搬送機器システムへ、そしてメカトロ機器から生産ライン構築まで広がる製品群。幅広い要素技術とそれを集約した独自の複合技術。TAIYOは、基幹産業から先端産業まであらゆる分野の省力化ニーズ、自動化ニーズにお応えするフル・ポテンシャリティを備えています。幅広く奥行きのある独自技術とエンジニアリングサービス力で、シリンダの総合メーカーから産業インフラの高度化を支援するインテリジェントシステム機器メーカーへと、TAIYOは、エキサイティング・カンパニーを目指して歩み続けています。

写真1　油圧ソレノイドバルブD1VW

TAIYOは、昭和27年に油圧／空気圧機器、機械装置の生産を開始。高品質なシリンダやアクチュエータ、バルブ、生産ラインは、製鉄・自動車をはじめわが国の基幹産業の発展に少なからぬ貢献を果たしました。TAIYOは油圧／空気圧機器、機械装置のパイオニアメーカーであり、その技術開発の歴史はそのままわが国における油圧機器、空気圧機器、機械装置の発達の歴史でもありました。パイオニアとしての実績を基盤に、TAIYOはその後トップクラスのメーカーとしての地位を築き上げました。現在、油圧シリンダの国内シェアではトップクラス。空気圧機器についても、アクチュエータからバルブ、制御機器、周辺機器まで多彩に手がけています。TAIYOは油圧機器・空気圧機器・機械装置を標準品から特注品までフルラインナップで展開する唯一の総合メーカーです。

写真2　高推力電動シリンダETH

会社概要

＜代表者名＞　代表取締役社長　石川　孝
＜本社＞
　〒541-0051　大阪市中央区備後町2-6-8
　　　　　　　サンライズビル12F
＜TEL／FAX＞　TEL：06-4967-1100
＜URL＞　http://www.taiyo-ltd.co.jp
＜資本金＞　4億9,000万円
＜年商＞　209億5,412万円
＜従業員数＞　537名
＜主な事業内容＞
　①油圧・空気圧・油圧エレベータ機器の製造販売
　②産業用ロボット・自動組立ラインの製造販売
　③環境機器の製造販売
　④半導体製造装置用機器の製造販売
　⑤電子制御機器の製造販売
　⑥各種搬送機器の製造販売

東亜潜水機㈱ 東京工場

スペシャリストの強さを！
技術と実績を誇る
　　高圧コンプレッサーメーカー

東亜潜水機は大正13年創業の、わが国で最も古い潜水機器メーカーです。

フーカー潜水やヘルメット潜水などのダイバーへの高純度呼吸用空気送気用コンプレッサーを初め、スクーバダイビング用や救急救命用の高圧呼吸用空気コンプレッサーなど、特殊用途の圧縮装置を基礎に各種のコンプレッサーを60年以上にわたり市場に供給してきました。

近年はこのような呼吸用空気はもちろん、ヘリウム、窒素、アルゴン、二酸化炭素、六フッ化硫黄等の不活性ガスなどのコンプレッサーとしても採用され、小型高圧コンプレッサーメーカーとして様々な分野、業種のお客様から頂いたご要望にオーダーメイドでカスタマイズされた製品をお届けしています。

東京工場外観

■高圧コンプレッサー（圧力：～30MPa）

各モデルとも空気はもちろんのこと、ヘリウム、N_2、アルゴン等のあらゆる不活性ガスの圧縮が可能で、当社の特徴であるタンデムピストンによる3段圧縮機構を採用、バランスの取れた運転と高効率を実現しています。

バリエーションも豊富で、冷却方式には水冷式、空冷式が、潤滑方式にはオイル式とオイルレス式をラインナップ、出力も3.7kW～15kWの5機種の中から呼吸用空気や産業用など用途に合った機種を選定いただけます。

さらに、高効率ガス清浄器を装着することにより高純度の圧縮ガスが製造できるため、クリーンガスのご要望にもお応えしています。

■中圧／低圧コンプレッサー
（～3.5MPa／～0.7MPa）

中圧コンプレッサーは自動車部品や空調機器の気密検査等で活躍、さらにヘリウム等の不活性ガスの回収と昇圧にも最適です。

低圧コンプレッサーはフーカー潜水等の呼吸用空気では、絶対の実績と信頼をいただき、さらに小型の不活性ガス用コンプレッサーとしても注目を集めています。

中圧／低圧コンプレッサーともに、高圧コンプレッサー同様、水冷式・空冷式やオイル潤滑式、オイルフリー式のバリエーションをそろえており用途に合った機種を選定いただけます。

水冷高圧コンプレッサー
YS-85V

会社概要

<代表者名>　佐野弘幸
<東京工場>
　〒116-0003　東京都荒川区南千住4-1-9
<TEL／FAX>
TEL：03-3803-2253～2254　FAX：03-3803-2255
<URL>
　http://www.toa-diving.co.jp/
　info@toa-diving.co.jp
<資本金>　50,000千円
<従業員数>　30名
<主な事業内容>
　空気・不活性ガス用コンプレッサー
　高圧コンプレッサー（圧力：～30MPa）
　中圧コンプレッサー（圧力：～3.5MPa）
　低圧コンプレッサー（圧力：0.7MPa）
　高圧ガス製造設備のシステム設計 他

東芝産業機器システム㈱
東芝グループの産業キーコンポーネンツ分野に特化した、トータルソリューションカンパニー

当社は120年を超える実績のモータ事業をはじめ、コンプレッサ、インバータ、変圧器、配電機器などの産業コンポーネントを中心に、各種設備、省力・省エネ・環境機器、社会インフラ関連設備等の商品及びサービスをご提供することで、お客様から幅広い支持を頂いてまいりました。また、これまで培った技術の蓄積をベースとして、ハイブリッド自動車用の重要部品についても供給を伸ばしております。

引き続き、「電気を創る・送る・蓄える・賢く使う」というエネルギーマネジメントの分野をはじめ、IoT導入など変革が進むモノづくりの様々な分野においても、お客様にご満足いただけるソリューションをご提供し、ご期待にお応えしてまいります。またグローバル市場への事業展開を進められているお客様には信頼されるグローバルパートナーとしてお応えしてまいります。

■主な製品
・モータ

120年以上の伝統を受け継ぎ、光り輝く未来につなぐプレミアムゴールドモートルを中心に、高性能なモータを世界に供給します。
・エアコンプレッサ

圧力開閉器式（レシプロ）に特化した静音シリーズ／タンクマウントシリーズをラインアップし、信頼と実績 ものづくりの現場を支える "TOSCON" です。

各種関連機器を組み合わせ、お客様の用途に最適なエアシステムをご提案いたします。
・インバータ

豊富な商品ラインアップで多様な機械を最適に制御する東芝インバータは、機械の運用コスト低減と省エネに貢献します。
・配電機器

受電から配電まであらゆるニーズと省エネルギーへの取り組みに応え。電力の安定供給と地球環境保全に貢献します。
・ＦＡ・バッテリー

製造現場の自動化・省力化・生産性向上から省エネ・環境対策まで、お客様のニーズに貢献するキーコンポーネントを豊富に取り揃えています。

会社概要

＜代表者名＞	代表取締役社長　揖斐洋一
＜本社＞	〒212-0013　神奈川県川崎市幸区堀川町580（ソリッドスクエア西館９階）
＜設立＞	2000年４月（創業1964年６月19日）
＜TEL／FAX＞	TEL：044-520-0811　FAX：044-520-0505
＜URL＞	http://www.toshiba-tips.co.jp
＜資本金＞	28億7千万円（株主：東芝インフラシステムズ㈱）
＜従業員数＞	1,420名（2019年３月）
＜認証資格等＞	ISO9001／ISO14001

日機装㈱
独創的な発想と高度な技術で
社会に貢献する企業

　日機装㈱は、産業用特殊ポンプ・発電所用水質調整装置・温水ラミネータに代表される電子部品製造装置・人工透析装置に代表されるメディカル製品・カスケードに代表される航空機用部品など、様々な分野で独創的な発想と高度な技術で社会に貢献しています。

　コンプレッサー用ドライヤーにおいては、1991年から米国のSPX FLOW社より輸入販売をおこなっております。単なる輸入代理店ではなく、部品在庫・サービスネットワークを整え、更に約30年の経験と高い技術力にて様々な提案を行い、特に『省エネ』で社会の発展に貢献いたします。

■省エネ冷凍式ドライヤー　PCMシリーズ

　一般的な冷凍式ドライヤーは、冷媒と圧縮空気を熱交換しており、その冷媒用内蔵コンプレッサーが常に作動しています。PCMシリーズでは、保冷剤が熱交換器に内蔵され、2℃を検知した時点で冷媒用内蔵コンプレッサーを停止し、6℃を検知した時点で再起動します。保冷剤で蓄冷することにより、必要最小限の冷媒用内蔵コンプレッサーの稼働、つまり最小限の電気消費量へ自動的にコントロールします。国内で唯一の蓄冷タイプの冷凍式ドライヤーです。

写真1　PCMシリーズ

■内部ヒーター式ドライヤー　DEAシリーズ

　冷凍式ドライヤーより乾燥度が求められる吸着式ドライヤーの一種で、露点−73℃まで対応可能です。左右の吸着筒内部を二重構造にし、均等に配置されたヒーターによる高効率再生をおこなう画期的な省エネドライヤーです。再生用のパージ空気が平均で1〜3％と非常に少ないことも特長で、低露点を必要とする圧空システム全体の省エネに貢献します。

写真2　DEAシリーズ

■ヒートレスドライヤー　DHAシリーズ他

　吸着式ドライヤーの一種で、吸着材の再生を減圧によりおこなうタイプです。世界的には約65年の歴史、日本国内でも約30年の実績があり、ヒートレスドライヤーとしてはパージ量が14.8％と少なく、省エネに貢献します。

写真3　DHAシリーズ

会社概要
＜代表者名＞　代表取締役社長　甲斐敏彦
＜本社＞
〒150-6022　東京都渋谷区恵比寿4-20-3
恵比寿ガーデンプレイスタワー
22階
＜TEL／FAX＞
TEL：03-3443-3780　FAX：03-3473-4965
＜URL＞　https://www.nikkiso.co.jp/products/
industrial/dryer/
＜資本金＞　654,434万円
＜従業員数＞　2,046名
＜主な事業内容＞
産業用特殊ポンプ、電子部品製造装置、透析装置、航空機用部品

日本エアードライヤー販売㈱
圧縮空気に含まれる不純物除去機器の
販売を主な業務としています。

日本エアードライヤー販売㈱は、コンプレッサーが、圧力空気を作る過程で、空気中に、生じる不純物（水分、オイルミスト、粒子）を取り除き、よりクリーンな、圧縮空気を作ることを、会社の目的とし、常にあたらしい技術開発を進めています。

機械業界をはじめ、多様な、圧力空気を利用している方々のお役に立てることを、社是としております。

当社製品は、この分野における、特許権を10件以上所有しており、常にあたらしい技術を製品化できるよう、日々努めております。

特許技術の一つである、形状体分離技術を使用し、フィルター等を使用せず、メンテナンス不要の製品を販売致しており、ユーザー様より、うれしい評価を頂いて居ります。

特に除水に関しましては、業界NO1の除水率100％を達成しております。

また、業界初、超高圧7MPa対応の製品も発売しており、評価を頂いております。

KA-4000HP

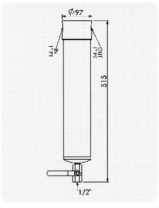

高圧仕様

型番／KA-4000HP	
流量(L/min)	600〜4,000
除水率	99.9999%
入口空気温度	5〜30℃
使用可能圧力(MPa)	0.1〜7.0
圧力損失(MPa)	0.002〜0.038
高さ・直径(mm)	515(H)×97(W)
排水接続口径(Male PT)	1/2
重量(kg)	2.96

KAKIT2R

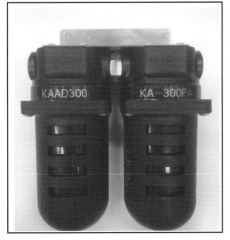

当社のメイン製品で、除水率100％（世界NO1製品）
オイルミスト＞91％　粒子除去＞2μm

会社概要

＜代表者名＞代表取締役　川真田 博康
＜本社＞
　〒776-0013　徳島県吉野川市鴨島町上下島
　　　　　　　125番地　泰栄ビル305
＜TEL／FAX＞
　TEL：0883-24-9716　FAX：0883-36-9716
＜URL＞　http://www.japanairdryer.com/
＜資本金＞　300万円
＜従業員数＞　数名
＜主な事業内容＞
　エアードライヤーの販売
＜認証等＞
　ISO12500-1 オイルミスト
　ISO12500-3　粒子
　ISO12500-4　除水
　耐圧破裂試験証明　15MPa

㈱日本ピスコ
お客様を一番に考え
品質の高い配管用機器、真空用機器を
中心に製造する空気圧機器メーカー

　㈱日本ピスコは、1976年、社名の由来となる独自の流体切替方式PSC（パイプ・スライド・チェンジ）バルブ及び配管用継手など空気圧機器の開発・製造・販売を開始しました。経営目標に「お客様に信頼されるPISCOを目指して」を掲げ、高い技術力と徹底した品質管理で確かな品質の製品を数多く取り揃えております。またお客様のニーズに合わせた製品開発にも柔軟に対応し、お客様の装置にマッチした製品の提供を目指しています。

ワンタッチ継手
チューブフィッティングシリーズ

　当社のワンタッチ継手（チューブフィッティング）は、独自形状の弾性体スリーブにより安定したシール性を実現。独自のツメ形状も相まって信頼性に優れ多くのお客様に高評をいただいております。また、操作性にも優れ何年経っても初期と変わらない着脱性を実現しています。

　ラインナップも充実しており、標準タイプにおいては60形状、993機種と業界屈指のバリエーションを誇り、さらには様々な分野で使用いただけるよう、基本構造はそのままに、小型化したミニタイプ、耐腐蝕環境に適したステンレスタイプ、クリーン環境に適した樹脂材質PPタイプ、火花対策に適し

たスパッタタイプ・ブラスタイプなど特殊環境に対応した機種も用意しております。

真空用機器

　当社では真空用機器にも力を入れており、真空発生器、真空パッドをはじめ真空ポンプや真空ポンプ対応ユニットも取り揃えております。

　真空発生器ではインラインに設置可能な小型タイプから工作機械などにも対応する大流量タイプまでお客様に最適な機器をお届けします。

　真空パッドは形状、サイズを豊富に用意し、あらゆるワークに対応できます。この度、真空パッドの設計変更を行いパッドホルダとパッドゴムの取付方法を明確にしたため、メンテナンス性の向上や組み替えなどにも柔軟に対応しました。

　また近年需要の多いロボットハンドにも対応。当社真空パッドやエアチャックをロボットに直接取付可能なフランジやフレームシステムをはじめロボットとハンドに直接取付可能な真空破壊機能付真空発生器も用意しました。

会社概要

＜代表者名＞　代表取締役社長　山崎清康
＜本社＞
　〒394-0089　長野県岡谷市長地出早3-9-32
＜TEL／FAX＞
　TEL：0266-28-6072㈹　FAX：0266-28-7349
＜URL＞　https://www.pisco.co.jp/
＜資本金＞　4億8,856万円
＜年商＞　141億円（2019年9月期）
＜従業員数＞　350名
＜主な事業内容＞
　配管用継手、チューブ、制御機器、真空用機器など空気圧機器の開発、製造、販売

㈱フクハラ

感動をもたらす省エネ
環境関連機器をデザインします

水素燃料デュアル発電機（イメージ）

　創立以来、コンプレッサードレンの排出処理に特化した製品（ドレン処理装置・ドレントラップ）の開発・販売を行っている。その後、圧縮空気の浄化に特化したエアーフィルターの開発・販売も開始。特許取得のエアーフィルターのカートリッジは、気水分離性能が著しく高く、ドレン・油の除去に貢献している。また、業界で最初に除菌フィルターの販売を開始し旋風を巻き起こした。現在はドレン処理装置、ドレントラップ、エアーフィルターを始め、サイクロンセパレータ、窒素ガス発生装置等コンプレッサー周辺機器の製造・販売を行っている。

　近年は、環境への負荷が少ない水素関連ビジネスを新しい事業とするべく、水素燃料電池から高濃度の窒素ガスを取り出し、有効活用する装置「水素燃料デュアル発電機」の開発を進めている。2020年1月末には、濃度99％の窒素を取り出すことに成功し、一歩前進している。

■取り扱い製品

- 電磁式ドレントラップ
- ドレン油水分離装置「ドレンデストロイヤー」
- 高性能エアーフィルター「AIRXフィルター」
- 除菌フィルター「除菌フィルター LRV≧8」
- サイクロンセパレータ
　「スーパーサイクロンセパレータ」
- エアードライヤー「膜式エアードライヤー」
- 窒素ガス発生装置
　「MAX N_2 窒素ガス発生装置」
- 増圧装置「POWER MAX 増圧装置」
- 中圧レギュレーター／高圧レギュレーター
- 漏洩検知器「リークアラーム」
- オイルミスト除去装置「オイル・バスター」
- 空調機ドレン油水分離装置
　「クーラードレン美人水」
- 金属物質吸着装置「メタルバスター」
- 浮上油回収装置「スーパースキーマー」

会社概要
<代表者名>　福原　廣
<本社>
〒246-0025　神奈川県横浜市瀬谷区
阿久和西1-15-5
<TEL／FAX>
TEL：045-363-7373　FAX：045-363-6275
<URL>　https://www.fukuhara-net.co.jp/
<資本金>　　5,000万円
<従業員数>　73名

㈱富士ロック

創業四十有余年の確かな技術は、
国内外で高い信頼を得ています。

■会社情報

当社は継手、バルブ、計装資材を中心に、創業からおよそ半世紀、継手を中心とした製品を提供し続けています。継手は駆動部分を担う主要機器ではないものの、機器と機器をつなぐ重要な製品です。

昨今では激動の時期が長く続き、商慣習も大きく変わりつつありますが、お客様とのパートナーシップを第一に考えて、「富士ロックと取引して良かった」という評価をいただける企業であり続けることを目指し、今後ともお客様、引いては社会に貢献していく所存です。

■W Wedge（ダブリュウェッジ）

W Wedge（ダブリュウェッジ）チューブ継手は安全性と信頼性に設計思想を求めた精密継手で、長年の実績と高度な生産技術を駆使して量産されている優れた品質のチューブ継手です。

- 高圧、衝撃、振動、真空、温度変化に耐える精密設計
- パイプにネジレが生じない理想的なダブル・フェルール方式
- 小型、軽量で締付トルクが小さく、特殊工具不要
- 接続、取外しが簡単で再使用が出来て経済的
- ダブル・フェルール独特の相互連動作用で確実なシール性能
- トルク、軸芯指向に依り、継手をセットしたままパイプを差し込める

写真1　W Wedge

■タマロックシリーズ

石油・電力・化学プラントの計装配管及び油空圧・空調等におけるプロセス配管の省力化に威力を発揮する継手です。ソロバン玉方式でナットやソロバン玉・インサートを変えることにより、多目的・多用途に適応します。ラインナップは、タマロック（裸銅管用継手）、プラロック（樹脂チューブ用継手）、ツインロック（被覆銅管用継手、締め付け作業は1動作）、D／N Lok（被覆銅管用継手、締め付け作業は2動作、ダブルナット方式）の4種類。

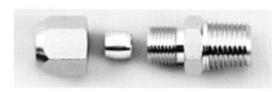

写真2　タマロック

■喰込継手

喰込継手（バイトタイプ継手）はスリーブのカッティングエッヂが管に強固にくい込むドイツのエリメートタイプ（DIN規格2353相当）で、高圧流体を完全にシールし、衝撃圧や振動に強い構造となっています。特に高圧油圧配管分野では安全性、作業性の面で各方面から信頼されています。管を切断しナットを締め付けるだけの簡単な作業（ネジ切り、溶接、フレアー加工等が不要）で配管ができるため、作業の効率化や機器のコンパクト化、重量軽減化も得られ、経済的な管継手です。

会社概要

＜代表者名＞　島村和男
＜本社＞
　〒132-0001　東京都江戸川区新堀2-27-1
＜TEL／FAX＞
　TEL：03-3676-2469㈹　FAX：03-3676-7332㈹
＜URL＞　http://www.fujilok.co.jp
＜主な事業内容＞
- ステンレス管チューブ継手類
- 銅管用継手類
- 樹脂チューブ継手類
- 高圧継手類
- ミニチュアバルブ類
- その他、計装資材

北越工業㈱
常に新しい価値を追求し、社会と産業に貢献する企業へ。

　北越工業は、1938年の創業以来、80有余年の歴史を持つエアコンプレッサメーカーです。「空気」を原料としたエア・エナジーは環境にやさしく安全でクリーンなエネルギー源として高い実績を積んできました。永年培った独創性と高い信頼性を基盤に、空気技術、電気技術や油圧技術を融合した"エアマン"製品は、常に新しい時代のニーズに対応した製品として社会や産業の豊かな発展に貢献してきました。

　次代の「豊かな社会」のため、また、企業価値向上のため、環境と省エネを念頭に入れた新商品の開発にフレキシブルに挑戦し、国内外のマーケットに新たな価値を提供するとともに社会や産業に貢献してまいります。

屋外設置型・インバータ制御仕様オイルフリースクリュコンプレッサ「SMAD22VD」「SMAD55VD」

　業界唯一の屋外設置型インバータ制御仕様オイルフリースクリュコンプレッサは、モータ出力22kWクラスの「SMAD22VD」と、新たにモータ出力55kWクラスの「SMAD55VD」を追加し、2機種をラインアップしています。

- クラストップレベルの空気量
　新開発のASロータと永久磁石式同期モータをビルトイン直結構造にすることで、空気量がアップしました。
- 低騒音化の実現
　騒音源であるモータとコンプレッサの振動を低減させ、さらに吸入・排風ダクト構造を見直した低騒音エンクロージャの採用により低騒音化を実現しました。

ASロータ

- 先進の省電力性能や機能
　インバータ制御：消費空気量に応じて回転速度を自動制御し省エネを図ります。
　ワイドレンジ制御：高効率エアエンド、IPMモータの採用により、広い制御範囲を実現しました。0.5～0.8MPaで任意の圧力（0.01MPa刻み）を設定できます。
　増圧機能：吐出圧力を最大0.8MPaまで設定可能で、設定圧力に合わせて回転速度を自動調整します。
　増風機能：設定圧力を下げることで最高回転速度を上昇させ、空気量をアップさせます。
　圧力一定制御：インバータ制御により、圧力変動が±0.01MPaの精緻な圧力一定制御が可能です。
　外気温検知回転速度自動制御：外気温と吐出圧力に応じて、モータの最低回転速度を自動で制御し、外気温度が低い時はモータを低回転で運転することで省エネを図ります。

- 屋外設置型への対応
　屋外設置を可能とする事でコンプレッサ室の必要が無く、スペースを有効活用できます。また、屋外のクリーンな空気を吸入できたり、周囲温度が低くオーバーヒートの可能性が低下するなど、数多くのメリットが得られます。

SMAD22VD

SMAD55VD

会社概要

＜代表者名＞　寺尾正義（代表取締役社長）
＜本社＞　〒959-0293　新潟県燕市下粟生津3074
＜TEL／FAX＞
　TEL：0256-93-5571　FAX：0256-94-7567
＜URL＞　http://www.airman.co.jp/
＜資本金＞　34億1,654万円
＜年商＞　410億円（2019年3月期連結）
＜従業員数＞　674人
＜主な事業内容＞
　エンジンコンプレッサ、モータコンプレッサ、エンジン発電機、高所作業車、ミニバックホー、エンジン溶接機の製造・販売
＜認証資格等＞　ISO 9001、ISO 14001　など

三井精機工業㈱
三井直系会社で精密工作機械、
定置式空気圧縮機の製造、販売する企業

1972年の発売以来、三井精機独自の圧縮機構として発展してきたZスクリュー。1本のスクリューロータと2つのゲートロータによるシンプルな構造で、回転軸に対する圧力バランスを改善、さらにモーターへの負荷を低減し優れた高効率・省エネルギー性能で高い評価を獲得してきました。

写真1　Zスクリュー写真

ーZスクリューコンプレッサーを発売した。これにより高効率、省メンテナンス性、環境負荷低減を実現し、常に改良を進めてきた。i-14000シリーズではISO8573-1（JIS B 8392-1）による圧縮空気の品質保証等級「クラスゼロ」の認証を取得。3品業会（食品、薬品、化粧品）など、油分を嫌うユーザーに合った圧縮空気を提供している。

さらに省エネロジックとして瞬時起動システムを採用した。地球温暖化対応機として周囲温度50℃という過酷な環境下での運転を実現。これまで好評だったカラー液晶モニター（タッチパネル式）を7.0インチワイドカラー液晶モニターに変更した。解像度、応答スピードアップ、IT通信機能の拡張性を充実し、使いやすさの面でも進化させた。

またタッチパネル式液晶が採用、交互運転、ウイークリータイマー運転、異常履歴、電流・吐出温度等のサンプリングを行えるようになり、よりお客様が使いやすいコンプレッサとなっています。

写真2　i-14000X

■水潤滑オイルフリーコンプレッサ
i-14000Xシリーズは、独自の圧縮機構「Zスクリュー」を極限まで高め、吐き出し空気量最大7%増大を実現した。圧縮機本体の見直しと高効率なIPMモーターを採用し、高効率と省エネを両立している。

また、油潤滑式と同等の効率を保ったままクリーンエアを供給できないかという観点から、圧縮工程における潤滑媒体に水を採用し、水シールによる冷却・シール・潤滑を実現した。これまでオイルフリーエアを供給するにはドライ方式による圧縮が常識だった。水潤滑式の登場により、油潤滑式に引けをとらない高効率と、廃油処理の必要のないメンテナンス部品やドレン水処理により省メンテナンス性、環境負荷低減を可能とした。

当社は1982年に世界で初めて水潤滑式オイルフリ

会社概要
＜代表者名＞　代表取締役社長　加藤欣一
＜本社＞
　〒350-0193　埼玉県比企郡川島町八幡 6-13
＜TEL／FAX＞　TEL：049-297-5555
＜URL＞　http://www.mitsuiseiki.co.jp
＜資本金＞　9億4800万円
＜従業員数＞　590名
＜主な事業内容＞
【精密工作機械部門】
　マシニングセンタ、ジグ中ぐり盤、ジグ研削盤、ねじ研削盤、専用機の製造、販売
【産業機械部門】
　定置式空気圧縮機（コンプレッサ）の製造、販売

㈱明治機械製作所
Protecting the Global Environment

㈱明治機械製作所（以下、当社という。）は1924年1月6日創業の1945年11月16日設立の会社です。創業から95年が経過し100年へ向けて更なる飛躍を求め、社員一同、社会に貢献できるモノ造りに邁進しております。

当社は圧縮機・塗装機器を柱とした製品の製造・開発を行うメーカーです。

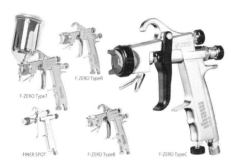

写真1

圧縮機は圧縮空気を造る機械です。圧縮空気は工場、工事現場、ガソリンスタンド、農作業やガーデニングなど我々の暮らしの中の至る所で利用されています。

当社では様々な用途・使い方に応じた製品を提供しております。

例えば圧縮機を2台搭載したデュアルレシプロパッケージコンプレッサという製品を提供させて頂いておりますが、これは2台同時運転や1台が壊れた時のバックアップとしての利用が可能となっております。修理業者が休みの日に圧縮空気が使えないなどとならないようにすることができます。

また塗装機器では自動車補修に特化したスプレーガン（F-ZEROシリーズ）や絵画や造花に使う超小型スプレーガンなど幅広い用途に対応できる製品をラインアップしております。当社ではきめ細かな用途に応じた製品を提供しております。

例えば自動車補修に特化したスプレーガン（F-ZEROシリーズ）のラインアップに新しくF-ZERO TypeCを今年の3月に新たに投入しました。3種類あるF-ZEROシリーズとの差別化を図りメッキ調・カラークリアへの塗装に特化したスプレーガンという位置づけでご提供させて頂いております。薄膜でムラを抑えた塗装に向いた仕様となっております。

これらの製品以外にもお客様の要望に応じた製品として特殊品という形での製品の提供も行っております。

これらの製品を提供するため当社では積極的な設備投資を行っております。例えばハンドスプレーガン組み立てのオートメーション化を進めております。これにより一定以上の品質で製品を市場に提供させて頂いております。その他にも様々な設備投資を行い皆様の要望に応えられる環境を整備しております。

写真2

会社概要
＜代表者名＞　佐伯直泰
＜本社＞
〒532-0027　大阪府大阪市淀川区田川2丁目3番14号
＜TEL／FAX＞
TEL：06-6309-1222　FAX：06-6308-7047
＜URL＞　https://www.meijiair.co.jp
＜資本金＞　1億円
＜年商＞　37.2億円（2019年3月期）
＜従業員数＞　152名
＜主な事業内容＞
圧縮機／塗装機器の製造・販売

油圧基幹技術
-伝承と活用-

一般社団法人 日本フルードパワーシステム学会編

A4判368頁 ハードカバー上製本　　定価：5,000円+税

FAX　03-3944-0389

フリーコール　0120-974-250

本書は、過去数十年間に培われた有益な油圧基幹技術を整理・記録して次世代に伝承し、これを礎に油圧産業のさらなる発展を目的に企画・出版いたしました。

第1編(油圧システム)、第2編(油圧の基礎)及び付録(機器の機構や図記号など)から構成され、既刊の書籍には類を見ない内容として編集しています。第1編では各種産業分野における代表的な油圧駆動システムを対象に、高性能なシステムを構築するに当たってどのような技術的な問題が生じ、これらをどのような技術で克服してきたかを、"油圧技術の伝承"という観点から具体的に詳しく解説しています。第2編は、第1編に記されている各種油圧技術の物理的解釈を容易にする目的で、理論計算や実験結果も交えて油圧の基礎理論をわかりやすく解説しています。なお、全編にわたり、カラーページを多く用い、ビジュアル面でもわかりやすい編集を心がけております。油圧駆動を用いる装置・プラントメーカまたはそのユーザ、および油圧メーカの開発・設計、製造、品質管理、保全、サービス、営業技術など、油圧関連技術者必携の書として、是非ご購読下さい。

目　次

■第1編　油圧システム
◆第1章　建設機械
・油圧ショベル　・ブルドーザ　・ホイールローダ・クレーン
◆第2章　産業車両・特装車両
・フォークリフト　・コンクリートミキサー車
◆第3章　加工機械
・射出成形機　・ダイカストマシン・マグネシウム成形機　・鍛圧機械　他
◆第4章　自動車
・駆動系　・操舵系　・制動系
◆第5章　試験機・シミュレータ
・小型試験装置　・大型試験装置・モーションベース　他
◆第6章　製鉄設備
・製鉄設備　・鋳鋼設備　・圧延設備・製鉄設備の油圧技術
◆第7章　航空・宇宙
・航空機　・宇宙機
◆第8章　船舶
・船舶の推進系　・船舶の操舵系　・船舶の減揺系・甲板機械　他
◆第9章　農業機械
・走行系　・作業系

◆第10章　制振装置
・鉄道車両の制振装置
・パッシブダンパを用いたビルの制振・免震技術　他

■第2編　油圧の基礎
◆第1章　油圧における流れの基礎事項
・作動油の物理的性質　・流れの基礎式
・管内の流れ　・隙間内の流れ　・絞りの流れ
・流れの諸現象　・管内の流体過渡現象(油撃現象)
・流体過渡現象の数値解析技術　他
◆第2章　油圧要素機器の諸特性
・油圧ポンプ及び油圧モータ　・油圧シリンダ
・油圧制御弁　・動力補償用アキュムレータ・油圧作動油　他
◆第3章　油圧機器及びシステムの振動・騒音
・油圧ポンプの瞬間吐出し流量と脈動率
・油圧ポンプの流量脈動に起因する管内圧力脈動
・油圧脈動吸収器　・油圧ポンプからの直接放射音・キャビテーション騒音
◆付　録　・主要油圧要素機器概要
・油圧補助機器概要(アクセサリ)　・SI単位

日本工業出版(株)　　販売課　　〒113-8610東京都文京区本駒込6-3-26 TEL0120-974-250/FAX03-3944-0389
sale@nikko-pb.co.jp　http://www.nikko-pb.co.jp/

申込書
―切り取らずにこのままFAXしてください―
FAX03-3944-0389

ご氏名※					
ご住所※	〒			勤務先□	自宅□
勤務先		ご所属			
ＴＥＬ※		ＦＡＸ			
E-Mail		@			
申込部数	定価5,000円+税×		部+送料100円＝		

※印は必須事項です。

フレッシュメンに贈る空気圧技術

2020年4月10日　第1刷発行

発行人　　小林大作
発行所　　日本工業出版株式会社
　　　　　油空圧技術編集部
本　　社　〒113-8610　東京都文京区本駒込6-3-26
　　　　　TEL03(3944)1181(代)　FAX03(3944)6826
大阪営業所　06(6202)8218　FAX06(6202)8287
販売専用　03(3944)8001　FAX03(3944)0389
振　　替　00110-6-14874
https://www.nikko-pb.co.jp/　e-mail:info@nikko-pb.co.jp

〈東京本社付近図〉

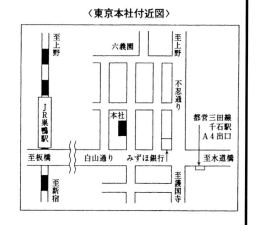

ISBN978-4-8190-3204-9　C3053　¥1000E

定価：本体1000円＋税

9784819032049

1923053010002

ISBN978-4-8190-3204-9
C3053 ¥1000E